JN297698

海技士4・5N口述対策問題集

青柳紀博 編

海文堂

はじめに

　この本は，これから四級海技士（航海）および五級海技士（航海）の口述試験を受けようとする人を対象とした「口述試験対策の問題解答集」です。

　ここに収録した300問を超える問題は，過去の定期試験および臨時試験においてたびたび出題されたことのある問題に，今後の予想問題を多少付け加えて選んだものです。ただし，紙面の関係で学科試験科目の細目を網羅しているものではありません。

　口述試験においては，本書に収録した問題からおわかりのように，海技に関する基本的な知識を問う問題よりも，船舶職員として熟知していなければならない実務に直結した問題が多く出題されているようです。

　初めて口述試験を受ける受験生にとって最も気がかりなことは，口述試験の実態ではないでしょうか。口述試験は，2～3名の受験生が一組となってテーブルにつき，試験官と対面した状態で実施されます。問題の受け答えは全て口頭です。試験時間は1.5～2時間程度で，受験生一人当たりに問われる問題数は，3科目の中から12～13問程度です。口述試験の合格基準については何ら明らかにされていませんが，過去の実績によると60パーセント以上の解答率で答えた者は合格しているようです。

　本書での答えは，標準的な文章表現にしています。実際に行われる試験では，試験官から問われた質問に対して，あなた自身の言葉で答えるわけですから，本書の答えのとおり一言一句間違えないように答える必要はありません。要は質問に対して内容が適切であるかどうかです。

　誰もが経験するように，筆記試験の合格を知った日から口述試験を待つまでの間は，わずかな時間に過ぎませんが，つらい思いをする時間です。この間，口述試験についてあれこれ詮索するうちに，筆記試験を受けるまでの緊張感がうすれ，口述試験に臨む気持ちもついゆるみがになるものです。このようなときに，短時間のうちに読み通すことができ，しかも口述試験に的を絞った復習ができ，再び緊張感を取り戻し，自信をもって試験場へ臨むことのできる本があればと企画

されて生まれたのがこの一冊の本です。
　この本が皆さまに有効に利用されることを願っています。

2024年1月

　　　　　　　　　　　　　　　　　　　　　青柳 紀博
　　　　　　　　　　　　　　　　　　　（長崎海技専門学院　元教授）

口述試験を受けるときの心得

① まず，口述試験を受けようとする者は，これから船舶職員になるという気概をもち，船乗りの大先輩である試験官に対しても，常に礼儀を重んじ，特に服装，言動，その他の態度に注意して接することが大事です。
② 試験の開始および終了時には，大きな声で「おねがいします」「ありがとうございました」という挨拶が試験官に対してできる程の心遣いが必要です。
③ 問題の受け答えは，慎重な態度で臨むことが大切です。船舶運航者の僅かなミスでも海難事故につながることを思えば軽率な態度や発言は禁物です。問題をよく聞き，十分検討し，順序だてて，ゆっくり答えましょう。
④ 質問の意味がわからないときは，聞き直し，質問の意味をよく理解してから答えましょう。
⑤ 難しい問題はよく考えてから答えること。これはその人の慎重さにもつながりますが，最もよくないのは，むつかしい問題に対して，ただちに「わかりません」と答えることです。試験官は，考えさせることで受験生の人柄を判断し，また，考えている間にいろいろとヒントを与えてくれるものです。
⑥ 解答が言葉で説明し難いものは，試験官の許可を得て黒板等に図を描いて答えてもよいでしょう。
⑦ 口述試験は，日頃の勉強の積み重ねが大事です。試験官と対面して，口頭で答えることができるのは，日頃培った実力以外の何ものでもありません。そのためには，船上の実務にしろ，教科書や参考書を読むにしろ，問題点をよく考え，ものごとの道理をよく理解する癖を日頃からつけておくことが大切です。
⑧ 海事一般法規の一部の問題には，『海事六法』を見て答えなさいと質問しているものがあります。これは，問われたことがらが，何という法規のどのあたりに記載しているかを試すものです。このような形式の試験は，一見やさしいようですが，試験場で第何条第何項を探すのは大変です。日頃から『海事六法』によく目を通し，条文を引きなれておく必要があります。

〔注〕 この本において，法規関係の名称を次のように略して使用しています。
  ① 海上衝突予防法　　　　　　　（略）予防法
  ② 海上交通安全法　　　　　　　（略）海交法
  ③ 船員労働安全衛生規則　　　　（略）労安則

目 次

Part 1　航　海

1. 航海計器 …………………………………………………………… 3
   - (1) 磁気コンパス …………………………………………………… 3
   - (2) ジャイロコンパス ……………………………………………… 6
   - (3) 操舵制御装置 …………………………………………………… 9
   - (4) 方位鏡 …………………………………………………………… 11
   - (5) 音響測深機 ……………………………………………………… 11
   - (6) ログ ……………………………………………………………… 13
   - (7) 六分儀 …………………………………………………………… 14
   - (8) 衛星航法装置（GPS 及び DGPS） …………………………… 17
   - (9) レーダー ………………………………………………………… 18
   - (10) 自動衝突予防援助装置（ARPA） …………………………… 23
   - (11) 船舶自動識別装置（AIS） …………………………………… 24
2. 航路標識 …………………………………………………………… 25
   - (1) 航路標識の種類 ………………………………………………… 25
   - (2) 灯光，形象及び彩色によるもの ……………………………… 26
   - (3) 電波によるもの ………………………………………………… 30
   - (4) 特殊なもの ……………………………………………………… 31
3. 水路図誌 …………………………………………………………… 33
   - (1) 水路図誌の種類 ………………………………………………… 33
   - (2) 海図 ……………………………………………………………… 34
   - (3) 水路書誌等の利用 ……………………………………………… 38
4. 潮汐及び海流 ……………………………………………………… 42

	(1)	潮汐に関する用語	42
	(2)	潮汐表の使用法	42
	(3)	日本近海で潮流の激しい場所及びその場所における流向，流速	43
	(4)	日本近海の主要海流の名称，流向及び流速	44
⑤ 地文航法			46
	(1)	距等圏航法，中分緯度航法及び流潮航法	46
	(2)	地上物標による船位の測定	48
	(3)	方位改正及び針路改正	54
	(4)	避険線の選定	55
⑥ 天文航法			56
	(1)	天文用語	56
	(2)	太陽子午線高度緯度法	56
	(3)	北極星緯度法	58
	(4)	太陽による船位の測定	58
⑦ 電波航法			60
	(1)	レーダーによる船位の測定	60
	(2)	衛星航法装置（GPS 及び DGPS）による船位の測定	62
⑧ 航海計画			66
	(1)	特殊水域における航海計画	66

Part 2　運　用

① 船舶の構造，設備，復原性及び損傷制御			71
	(1)	船舶の主要な構造部材に関する一般的な知識及び船舶の各部分の名称	71
	(2)	船体要目	74
	(3)	主要設備の取扱い及び保存手入れ	76
	(4)	主要属具の取扱い及び保存手入れ	76
	(5)	入出渠及び入渠中の作業及び注意，船体の点検及び手入れ並びに塗料に関する一般的な知識	78

(6)　復原性及びトリムに関する理論及び要素 …………………… *81*
　　(7)　トリム及び復原性を安全に保つための措置 ………………… *84*
②　当直 ………………………………………………………………… *86*
　　(1)　運輸省告示に示す甲板部における航海当直基準に関する事項及び航海日誌 ……………………………………………………………… *86*
③　気象及び海象 ……………………………………………………… *88*
　　(1)　気象要素 ……………………………………………………… *88*
　　(2)　各種天気系の特徴 …………………………………………… *88*
　　(3)　地上天気図の見方及び局地的な天気の予測 ………………… *94*
　　(4)　暴風雨の中心及び危険区域の回避 …………………………… *94*
　　(5)　気象海象観測 ………………………………………………… *95*
④　操船 ………………………………………………………………… *97*
　　(1)　操船の基本 …………………………………………………… *97*
　　(2)　一般運用 ……………………………………………………… *100*
　　(3)　特殊運用 ……………………………………………………… *104*
⑤　船舶の出力装置 …………………………………………………… *107*
　　(1)　ディーゼル機関の作動原理の概要 …………………………… *107*
⑥　貨物の取扱い及び積付け ………………………………………… *108*
　　(1)　貨物の積付け及び保全 ……………………………………… *108*
　　(2)　荷役装置及び属具の取扱い及び保存手入れ並びにロープの強度及びテークルの倍力 ……………………………………………… *108*
　　(3)　タンカーの安全に関する基礎知識 …………………………… *111*
⑦　非常措置 …………………………………………………………… *112*
　　(1)　衝突，乗揚げの場合における措置 …………………………… *112*
　　(2)　火災の場合における船舶の損傷の制御及び船舶の救助 ……… *113*
　　(3)　海中に転落した者の救助 …………………………………… *113*
⑧　医療 ………………………………………………………………… *115*
　　(1)　救急措置 ……………………………………………………… *115*
⑨　捜索及び救助 ……………………………………………………… *116*
　　(1)　国際航空海上捜索救助マニュアル（IAMSAR）の利用に関する基礎知識 ……………………………………………………………… *116*

|10| 船位通報制度 ……………………………………………… *117*
 (1) 船位通報制度及び船舶交通業務（VTS）の運用指針及び基準に
   基づいた報告 ………………………………………………… *117*

Part 3　法　規

|1| 海上衝突予防法 …………………………………………… *121*
 (1) 総則 ……………………………………………………… *121*
 (2) 航法 ……………………………………………………… *122*
 (3) 灯火及び形象物 ………………………………………… *127*
 (4) 音響信号及び発光信号 ………………………………… *130*

|2| 海上交通安全法 …………………………………………… *133*
 (1) 総則 ……………………………………………………… *133*
 (2) 交通方法 ………………………………………………… *134*

|3| 港則法 ……………………………………………………… *139*
 (1) 総則 ……………………………………………………… *139*
 (2) 入出港及び停泊 ………………………………………… *140*
 (3) 航路及び航法 …………………………………………… *141*
 (4) 危険物 …………………………………………………… *143*
 (5) 灯火等 …………………………………………………… *144*
 (6) 雑則 ……………………………………………………… *144*

|4| 船員法 ……………………………………………………… *146*
 (1) 船長の職務及び権限 …………………………………… *146*
 (2) 規律 ……………………………………………………… *149*
 (3) 年少船員 ………………………………………………… *150*

|5| 船員労働安全衛生規則 …………………………………… *151*
 (1) 総則 ……………………………………………………… *151*
 (2) 個別作業基準 …………………………………………… *151*

|6| 海洋汚染等及び海上災害の防止に関する法律 ………… *153*
 (1) 総則 ……………………………………………………… *153*
 (2) 船舶からの油の排出の規制 …………………………… *153*

(3) 船舶の海洋汚染防止設備等及び海洋汚染防止緊急措置手引書等
　　　　並びに大気汚染防止検査対象設備及び揮発性物質放出防止措置
　　　　手引書の検査等 ………………………………………………………… *155*

7　船舶職員及び小型船舶操縦者法，海難審判法 …………… *157*
　　(1) 船舶職員及び小型船舶操縦者法 ……………………………………… *157*
　　(2) 海難審判法 ……………………………………………………………… *157*

8　船舶法，船舶安全法 ……………………………………………… *159*
　　(1) 船舶法 …………………………………………………………………… *159*
　　(2) 船舶安全法 ……………………………………………………………… *160*

9　危険物船舶運送及び貯蔵規則，漁船特殊規則 …………… *162*
　　(1) 危険物船舶運送及び貯蔵規則 ………………………………………… *162*
　　(2) 漁船特殊規則 …………………………………………………………… *162*

10　検疫法 ………………………………………………………………… *163*

Part 1　航　海

1 航海計器

(1) 磁気コンパス

問1 (1) 自差とは，何ですか。
(2) 自差の符号はどのようにして付けますか。

答 〔自差の意義とその符号の付け方〕
(1) 自差とは，船体磁気が磁針に作用して発生するもので，磁北とコンパスの北との差角をいいます。または，磁気子午線とコンパスカードの南北線が測者の位置においてなす角ともいえます。
(2) 自差の符号は，磁北を基準にして，コンパスの北が右側（東側）に片寄っていればE符，左側（西側）に片寄っていればW符を付けます。

問2 磁気コンパスの自差が変化する場合を，5つあげなさい。

答 〔自差の変化〕
自差は，次のような場合に変化します。
① 船の船首方位（針路）が変わった場合
② 船の地理的位置が変わった場合
③ 日時が経過した場合
④ 船体が傾斜した場合
⑤ 鉄鋼材の船積みまたは陸揚げが行われた場合

【参考】
以上のほか，自差は次のような場合にも変化します。
① 船内の大型鉄器の配置を変えた場合
② 磁気コンパスの設置場所を変えた場合
③ 地方磁気の影響を受けた場合
④ 一定針路で長時間航走していた船が大きく変針した場合（ガ氏差）
⑤ 衝突，乗揚げまたは落雷等で船体に強い衝撃を受けた場合

問3 自差測定法の種類を3つあげ，その内の1つについて説明しなさい。

答 〔自差測定法について〕

自差測定法には，① トランシット法（重視線法）② 太陽出没方位角法 ③ 太陽時辰方位角法などがあります。

トランシット法について説明します。

トランシット法は，あらかじめ海図上で適当な2物標を選定し，これらの重視線の磁針方位を求めておきます。そして海上において同2物標が一線上に重なって見えたとき，そのコンパス方位を測定します。観測当時の船首方位に対する自差は，これと前者を比較して測定します。

【参考】

上記のほか，自差測定法には，遠標方位法，相互方位法，ジャイロコンパスとの比較法，北極星方位角法などもあります。

問4 トランシット法で自差を測定する場合，あらかじめどのような2物標を選定しておきますか。

答 〔トランシット法で自差測定する場合の物標選定上の注意〕

① 2物標とも海図に位置が明記された固定物標（灯台，立標など）を選びます。浮標や灯浮標などの移動物標，干満の差で方位が変化する岬角，または形状のよくない山頂などは避けます。

② 後方物標が前方物標よりもやや高く，重なり具合のよい2物標を選びます。

③ 2物標とも遠すぎず，近すぎず，適当な距離にあるものを選びます。

④ 2物標の間隔が，船と前方物標までの距離に等しいか，またはやや大きくなる2物標を選びます。

問5 太陽時辰方位角法の利点と欠点を述べなさい。

答 〔太陽時辰方位角法の利点と欠点〕

＜利点＞

① 太陽が見えているときは，いつでも測定できますので，観測の機会

が無数にあります。
② 水平線とは無関係に太陽を観測しますので,天候に左右されることが少なくなります。

<欠点>
① 測定にクロノメーターを必要とします。
② 太陽の方位角の計算がやや煩雑となります。
③ 太陽の高度が高くなると,方位鏡に起因する誤差が介入するおそれがあります。

問6 (1) 液体式磁気コンパスのコンパス液は,どのような液体を使用していますか。
(2) その液体を使用するとどのような効果がありますか。

答 〔液体式磁気コンパスのコンパス液〕
(1) コンパス液は,アルコール1に対して蒸留水2の割合の混合液を使用しています。アルコールを混入しているのは,コンパス液の凍結を防止するためです。
(2) コンパス液は,浮室に浮力を与え,コンパスカードを軽く支えてコンパスの指北性をよくします。また,コンパスカードの震動を緩和し,方位目盛りを読み易くする効果もあります。

問7 (1) 磁気コンパスの近くに鉄器類を近づけるとよくないのは,何故ですか。
(2) 磁気コンパスのバウル内に気泡が発生した場合,これをどのようにして取り除きますか。

答 〔磁気コンパスの取扱い上の注意〕
(1) 鉄器類の磁気が磁針に作用して,自差が発生するからです。
(2) コンパスバウルを静かに反転し,上室の気泡を下室に逃して取り除きます。反転式でないものは,コンパスバウルを横に傾けて注液口を真上に保ち,そこから注射器で蒸留水を注入して気泡を取り除きます。その後,注液口はしっかり締めておきます。

(2) ジャイロコンパス

問8 (1) ジャイロとは，何ですか。
(2) ジャイロコンパスの指北原理を，簡単に説明しなさい。

答 〔ジャイロの意義とジャイロコンパスの指北原理〕
(1) ジャイロとは，コマ（回転体）のことをいいます。（ジャイロコンパスのジャイロは，マスターコンパスの中に内蔵されています。）
(2) ジャイロコンパスは，3軸の自由を有するジャイロ（コマ）を高速回転させて，そのジャイロ軸のN端が真北の方向からそれると，直ちにジャイロ軸に指北用と制振用のトルクを加えて軸の振揺を減衰させることにより，再びジャイロ軸のN端が真北を指して静定するように力学的に調整されています。

問9 ジャイロコンパスの誤差の種類を3つあげて説明しなさい。

答 〔ジャイロコンパスの誤差〕
ジャイロコンパスの誤差には，速度誤差，変速度誤差および動揺誤差などがあります。これらの誤差を順に説明します。
① 速度誤差は，船が針路を東西以外に向けて航走すると，船速が地球自転の運動に加わり，地球の見かけ上の自転方向が変わるために発生する誤差です。この誤差は，停泊中や針路を東西に向けて航走しているときは0ですが，それ以外の針路で航走中に針路，速力，または航行海域の緯度が変わると変化しますので，その都度修正する必要があります。
② 変速度誤差は，船が速度を上げたり，下げたりしている間に見かけ上の重力の方向が変わるために，一時的に現れる誤差です。そのためこの誤差は実用上問題になりません。
③ 動揺誤差は，船がローリングやピッチングするときに，ジャイロの質量配分が異なるために，遠心力によってジャイロ軸に鉛直軸周りのトルクが加わって発生する誤差です。この誤差は，おもりを配置し，またはジャイロを2個組み合わせて，ジャイロの質量配分をできるだけ均等にして問題にならないように調整されています。

問 10 ジャイロコンパスの速度誤差は，どのようにして修正するのですか。説明してみてください。

答〔速度誤差の修正方法〕

速度誤差の値は，船の速度，針路および緯度によって決まり，ジャイロコンパスの種類や形式には関係ありません。東京計器のTG-100型では，船速が5ノット，緯度が5°変化するごとに，速度誤差修正ツマミを回してその目印を，速度誤差修正表から速度と緯度を与えて求めた数値に合わせて修正します。針路変更による誤差は自動的に修正されます。

問 11 ジャイロコンパスは，一般に出港何時間前に起動させますか。また，それはなぜですか。

答〔ジャイロコンパスの起動〕

ジャイロコンパスは，使用する3～4時間前に起動させます。その理由は，ジャイロコンパスは起動と同時に真北を指すコンパスではないからです。起動スイッチを入れてからジャイロが規定回転数まで上昇し，更にジャイロ軸の振搖が徐々に減衰して真北を指して静定するのに，最悪の場合3～4時間必要とするからです。

問 12 ジャイロコンパスを運転して航行している場合，その示度に対してはどのような注意が必要ですか。

答〔ジャイロコンパスの示度に対する注意〕

運転中のジャイロコンパスの示度に対しては，次の注意を行って安全な航海を確保します。

① 機会あるごとに，各リピータコンパスのジャイロ誤差を測定し，常に正しい真方位を得るようにします。

② マスターコンパスとリピータコンパスの示度に，ドリフトが生じていないか，当直交替時に確かめます。もし，両者の示度に相異が生じているときは，リピータコンパスの同調器で修正します。

③ 航海中は，ジャイロコンパスと磁気コンパスの示度を絶えず照合し，

ジャイロコンパスの示度の異常に早く気付くようにします。

【参考】
　その他，運転中のジャイロコンパスに対する注意として，速度誤差の修正や警報が鳴ったときの処置等があります。

問 13 (1) 航海中にジャイロコンパスの警報が鳴るのは，どのような場合ですか。
　　　 (2) 警報が鳴った場合，どのように対処しますか。

答〔ジャイロコンパスが警報を発する場合およびその場合の対処法〕
(1) ジャイロコンパスが警報を発するのは，製品によって異なります。
　東京計器のTG-100型では，船内電源の故障及び追従系統の電圧降下があった場合に警報用のブザーが鳴ります。
(2) TG-100型についての警報が鳴った場合の対処法を答えます。
　① 警報器が一時的に鳴った場合は，一応マスターコンパスとリピータコンパスの示度にドリフトが生じていないか点検します。
　② 警報が鳴り続けるときは，警報器のトグルスイッチをオフにして警報を止めます。
　③ 直ちに，操舵を磁気コンパスに切換えます。
　④ ジャイロコンパスが警報を発した旨船長に報告して，故障の原因を調査します。
　⑤ 復旧後は，再び警報が鳴るので，警報器のトグルスイッチをオンにしておきます。

問 14 太陽出没方位角法によってジャイロコンパスの誤差（ジャイロ誤差）を測定する方法を説明しなさい。

答〔太陽出没方位角法によるジャイロ誤差の測定〕
　太陽出没方位角法は，太陽の真高度が0°になった瞬時に太陽のジャイロコンパス方位を測定し，それと同時に，その時の太陽の真方位を天測計算によって求めます。ジャイロ誤差は，算出した真方位と前者を比較して測定します。

【参考】
真日出没時における太陽の真方位は，次式で算出します。
$$\cos z = \sin d \times \sec l = \sin d \div \cos l$$
ただし，z：真日出没時の太陽の方位角（＝真方位），d：当日世界時0時における太陽の赤緯，l：測者の緯度とします。

(3) 操舵制御装置

問 15　操舵制御装置の自動操舵に必要な調整器の名称を3つあげ，そのうちの1つについて調整方法を説明しなさい。

答 〔操舵制御装置の調整器〕
操舵制御装置の自動操舵に必要な調整器には，① 舵角調整器　② 当舵調整器　③ 天候調整器の3つがあります。
舵角調整器について説明します。
舵角調整器は，外乱によって船に偏角を生じた場合，偏角を抑える方向へ偏角と比例してとられる戻し舵（復元舵）の大きさを調整するものです。この調整は，船が満載状態のときや低速航行しているときに調整器の数字を大きくして行い，空船時や高速航行しているときは数字を小さくして行います。

【参考】
その他の調整器の調整法は，下記のとおりです。
① 　当舵調整器は，船の回頭角速度を抑える方向に回頭角速度と比例してとられる当舵（制動舵）の大きさを調整するものです。この調整も，積荷や船速に応じて加減しますが，適正値を超えると船首揺れが拡大することがありますので，コースレコーダーに記録される船の航跡の状態を見て適切に調整します。
② 　天候調整器は，荒天時の船首揺れにともなってそのつど舵が取られると，船速を著しく低下させるばかりでなく操舵機の故障の原因となるので，これを防止するために検出部に不感帯を設けて一定以上の偏角を生じたときに初めて舵が取られるように調整するものです。この調整は，荒天の程度に応じて，天候調整器の数字を徐々に大きくして行います。

問 16 操舵制御装置を自動操舵で航行しているとき，注意すべきことを述べなさい。

答〔操舵制御装置を自動操舵で航行しているときの注意事項〕
次のような点に注意して，航行の安全を確保します。
① 船が設定針路で正しく航行しているか，しばしばコンパスで確かめます。
② 舵角調整と当舵調整は，船の積載量および速度に応じて適切に調整します。また，荒天時は，船首揺れの大きさに応じて天候調整を適切に行います。
③ オートパイロットの3つの調整が適切であることを，適宜コースレコーダーに記録される船の航跡の状態を見て確かめます。
④ 港内，狭水道，その他危険海域の航行に際しては，自動操舵から手動操舵に切換えて確実な操舵を行います。また，変針点における変針，衝突関係を生じた他船の避航，狭視界や荒天となった海面における保針なども手動操舵で行います。
⑤ 長時間にわたる自動直進操舵中は，ときどき手動操舵に切り換えて，手動操舵に異常のないことを確かめます。
⑥ 警報を発し，自動操舵が故障したときは，冷静に手動操舵または非常操舵に切り換えて操舵し，故障の原因を調査します。
⑦ その他機器の各部の作動状態の点検を取扱説明書に従って行います。

問 17 操舵制御装置を自動操舵で運転中，警報を発するのはどのような場合ですか。

答〔操舵制御装置が自動操舵で運転中に警報を発する場合〕
次の各場合に，警報を発して注意を喚起します。
① ジャイロコンパスの電源が切れた場合
② 操舵制御装置の電源が切れた場合
③ 操舵機の電源が切れた場合
④ 操舵機のポンプモーターが過負荷になった場合
⑤ 針路が設定針路から15°以上それた場合

⑥ 15°以上の自動変針操舵を行った場合

(4) 方位鏡

問18 方位鏡の使用方法を2つあげて説明しなさい。

答 〔方位鏡（アジマスミラー）の使用方法〕
　　対象物標の種類に応じて，次の2通りの方法があります。
① 第1法（アローアップ）：転輪の矢符（アロー）を上に向けて使用する方法で，高高度物標または鮮明物標の方位測定に用います。この方法には，シャドウピンは長針が使用されます。
② 第2法（アローダウン）：転輪の矢符（アロー）を下に向けて使用する方法で，低高度物標または不鮮明物標の方位測定に用います。この方法には，シャドウピンは短針が使用されます。

問19 方位鏡の器差の原因と，その測定法を述べなさい。

答 〔方位鏡の器差〕
　　方位鏡の器差は，転輪の回転軸がシャドウピンと指標を含む平面に対して正しく直交していないために生じます。
　　この器差の測定は，不動の1物標を選定し，その方位をアローアップとアローダウンで2回測り両者の測定方位を比較して測ります。両測定値に差がなければ器差はなく，差があればその差の1/2が器差となります。

(5) 音響測深機

問20 音響測深機で正しい水深を測るには，どのような調整が必要ですか。

答 〔音響測深機の調整〕
　　最小限，次の3つの調整を行っておく必要があります。
① ゼロ点調整：これは記録部の測深尺を微動させて，その0目盛りの位置を記録紙の基準線（分時の直線）に正しく合わせておきます。

② 喫水調整：これは喫水調整ツマミを回して，発振線の位置を測深尺上の喫水相当位置の目盛に正しく合わせておきます。
③ 感度調整：これは感度調整ツマミを回して，記録線（または反射線）が最も鮮明に現れるように適切に調整します。特に，感度を過大に調整すると，記録線が拡大して誤差の原因になりかねないので注意します。

問 21　音響測深機の送受波器は，船体のどの付近に取り付けられていますか。また，それはなぜですか。

答　〔送受波器の設置場所〕
　送受波器は，船首から測って船の長さの1/3〜1/5後方の転心上の船底外板に取り付けられています。

【参考】
　転心：船が回頭するときの回転の中心を転心といいます。転心位置は，船体の形状や船速の大小によって異なりますが，一般には，次に掲げるキールライン上の1点にあるものとみて差し支えありません。
① 前進中は，船首から船の長さの1/3〜1/5後方
② 後進中は，船尾から船の長さの1/3〜1/5前方
③ 停止中は，船体中央
　回頭の際，転心位置では船体の横移動がないために，乱流や渦流が生じにくくなります。

問 22　(1) 音響測深機は，どのような音波を使用していますか。
　　　　(2) そのような音波を使用すれば，どのような利点がありますか。

答　〔音響測深機に使用する音波〕
(1) 音響測深機は，超音波を測深用に採用しています。
(2) 超音波は，周波数が高いので次の利点があります。
　① 水中における音波の直進性及び反射性に優れ，測深の精度がよくなります。
　② 指向性もよいので，音波を一定の方向へ集中して発射でき，音波の発振用の電力が少なくてすみます。
　③ 可聴音でないので騒音の原因とならないほか，機関音など他の可聴

音の干渉を受けません。

問23　音響測深機を使用して測深する場合，記録紙に反射線（海底線）が現れないことがありますが，その原因をあげなさい。

答　〔音響測深機の記録紙に反射線が現れない原因〕
　　次のような事項が，その原因となっています。
　①　記録器の感度調整が過小となっている場合
　②　測深範囲切換ツマミの選定を誤っている場合
　③　走行ペンと記録紙の接触状態が不良となっている場合
　④　水深が音響測深機の測深限度を超えている場合
　⑤　機関を後進に使用している場合
　⑥　記録紙が変質している場合
　⑦　その他，機器に故障がある場合

(6) ログ

問24　(1)　圧力ログは，どのような原理を応用していますか。
　　　(2)　圧力ログの示度に誤差が生じる原因をあげなさい。

答　〔圧力ログの原理及びその示度に誤差が生じる原因〕
(1)　圧力ログは，「ピトー圧は流速の2乗に正比例する」というピトー原理を応用して船の対水速力を検出しています。
(2)　圧力ログの示度に誤差が生じる原因には，次のようなものがあります。
　①　ピトー管およびこれに接続する水管系への気泡の混入
　②　気泡や海草等によるピトー孔の閉鎖
　③　流木などの接触によるピトー管の曲損
　④　ピトー管の装着不良
　⑤　速度航程発信器の電気的な故障または各調整器の調整不良
【参考】
　　圧力ログを使用中は，水管系の各部に取り付けられたエアー抜きバルブを開放して，ときどき水管内の気泡を除去する必要があります。また，港

内，その他浮流物の多い海域を航行するときは，ピトー管を船内に引き揚げて，浮流物によるピトー孔の閉鎖やピトー管の曲損を防止する注意が必要です。

問25 ドップラー・ログの特徴を述べなさい。

答〔ドップラーログの特徴〕
① 水深が150〜200mより浅い水域では，対地速力を測定できる特徴があります。
② 水深が200mを超えると，水中の浮流物からの反射波を受信して対水速力を測定できます。
③ 速力表示の精度がよく，船の動きをcm/sec単位で表示します。
④ 大型船では，船の前進・後進及び船首・船尾の左右の速力を同時に測定できるので離着岸時の操船が確実となります。

(7) 六分儀

問26 六分儀の器差測定法の種類を2つあげ，それぞれの測り方を説明しなさい。

答〔六分儀の器差の測定法〕
六分儀の器差測定法には，次の2種類があります。
① 略法（水平線による法）
器面を垂直に保って，望遠鏡の視野内で水平線の真映両像を正しく一直線に重ねます。このときインデックスバーの基線が余弧上にあれば⊕器差，本弧上にあれば⊖器差となります。
② 精密法（太陽による法）
望遠鏡の接眼レンズに暗鏡をかぶせ，器面を水平に保って太陽を直視します。マイクロメータを前後に回して，太陽の直径を余弧上と本弧上で2回測ります。余弧上の測定値に⊕符，本弧上の測定値に⊖符を付け，両者の和の1/2を取れば器差となります。なお，測定値の検正は，天測暦記載の当日の太陽視半径を参照して行います。

問 27 六分儀で修正可能な誤差を3つあげ，それぞれの発生原因を述べなさい。

答 〔六分儀で修正可能な誤差及びその発生原因〕
① 垂直差：動鏡面が，六分儀の器面に対して垂直でないために生じる誤差です。
② 側方誤差（サイドエラー）：水平鏡面が，六分儀の器面に対して垂直でないために発生する誤差です。
③ 器差（インデックスエラー）：動鏡面を水平鏡面と平行に保ったとき，インデックスバーの基線が弧（アーク）の0°目盛りに正しく一致しないために生じる誤差です。

【参考】
視軸線誤差（コリメーションエラー）も修正可能な誤差ですが，この誤差は検出の機会が少ないため修正不可能とみる人も多いようです。

問 28 (1) 六分儀の垂直差の検出は，どのようにするのですか。
(2) また，その修正法について述べなさい。

答 〔六分儀の垂直差の検出法と修正法〕
(1) 垂直差の検出は，次の方法で行います。
① インデックバーを六分儀の弧（アーク）のほぼ中央の位置に保って器面を裏返します。
② 動鏡面をのぞいて，そこに映っている弧の映像と弧の真像とが一直線に見通せる場合には，垂直差は生じていません。もし，このとき動鏡面に映った弧の映像が真像の上方にずれて見える場合には動鏡は前方傾斜，下方にずれて見える場合には後方傾斜を起こしています。
(2) 垂直差の修正を六分儀誤差の第1修正といって，次の方法で行います。
動鏡裏面に取り付けられた垂直差修正ネジにスパナをかぶせ，これを回転させながら動鏡面を器面に対して垂直に直して修正します。

問29 (1) 六分儀のサイドエラーの検出法を2つあげなさい。
(2) その修正はどのようにして行いますか。

答 〔サイドエラーの検出法とその修正法〕
(1) サイドエラーの検出法には，水平線を利用する方法と太陽を利用する方法の2通りがあります。（いずれも六分儀の第1修正を完了した後に実施します。）
(2) サイドエラーの修正は，六分儀の第1修正を完了した後，水平鏡の裏面に取り付けたサイドエラー修正ネジを回転させながら，水平鏡面を器面に対して垂直に直して修正します。

【参考】
水平線を利用したサイドエラーの検出法
　六分儀の器面を垂直に保って，マイクロメータを微動させながら望遠鏡の視野内で水平線の真像と映像を正しく一直線に重ねます。その後，六分儀の器面を静かに右側へ傾斜させたとき，視野内の水平線の真像と映像が依然として一直線に重なって見える場合は，サイドエラーは生じていません。もし，水平線の映像が真像の下方に移動して見える場合は，前方傾斜を起こしています。逆の場合は，後方傾斜です。

問30 六分儀を使って，太陽の下辺高度を観測する方法を述べなさい。

答 〔六分儀による太陽下辺高度の観測法〕
① 器差を検正してから，六分儀の器面を垂直に保って，望遠鏡の視軸線を太陽直下の水平線に向けます。
② インデックスバーを静かに前方へ押しながら，太陽の映像を，望遠鏡の視野内で水平線に達するまで降ろしていきます。
③ 六分儀の器面を左右に振りながら，望遠鏡の視野内で太陽映像の最下端が水平線に正しく接するまでマイクロメータを回して調整します。
④ このときの示度を，本弧とマイクロメータの目盛りを通して読み取れば，太陽下辺観測高度となります。

【参考】
　この場合，正確な高度を測定するためには，次の注意が必要です。

① 望遠鏡の焦点を観測者の目に合うように調整します。
② 太陽の映像を望遠鏡の視野の中央に保って観測します。
③ 眼高をできるだけ高く保って観測します。
④ 視界が悪くて水平線が不明瞭な場合は，眼高を下げて観測します。
⑤ 太陽及び水平線の輝度調整を，和光ガラスを使用して適度に行います。

(8) 衛星航法装置（GPS及びDGPS）

問31 DGPS航法装置の主要構成品となっているDGPS受信機は，船内のどのような場所に設置すればよいですか。

答 〔DGPS受信機の設置場所の選定〕
　DGPS受信機は，周囲からの電波の干渉や再反射がなく，GPS衛星からの電波を直接受信できる障害物のない場所を選んで設置する必要があります。船舶では，通常，マストの頂部にバンドで固定して設置します。
【参考】
　DGPS受信機は，GPS衛星およびDGPSビーコン局からの信号を受信するアンテナと位置の算出およびデータの出力を行う受信部を内蔵しています。

問32 (1) DGPS航法装置の電源の投入と断は，どのようにして行いますか。
　　　 (2) また，本装置を初めて使用するときに行う初期設定では，どのような設定値を投入しますか。4つ答えなさい。

答 〔DGPS航法装置の電源操作と初期設定値について〕
(1) DGPS装置の電源の投入は，表示器の操作パネルにある「PWR」スイッチを押して行います。電源の断は，同操作パネルにある「PWR」と「OFF」の両方のスイッチを同時に押して行います。
(2) DGPS装置の初期設定値には，次のものがあります。
　① 自船の概略位置　（例）$35°-30'$ N, $139°-50'$ E
　② 自船に設置したアンテナの海面からの高さ　（例）9 m
　③ 世界時　（例）UTC = 2015年1月11日15時48分

④ 世界時と現地時刻との差 （例）＋09時間
【参考】
　本装置で初めて測位するときに初期設定を行っておくと，現在，自船で受信可能な衛星を特定することができ，測位までの時間を短縮することができます。

(9) レーダー

問33　レーダーとは，何ですか。

答　〔レーダーとは〕
　レーダー（Radar）とは，Radio Detection and Ranging の略語で，電波の直進性，等速性および反射性を利用して，物標の方位と距離を同時に測定する計測器です。

問34　レーダーの測定原理について，簡単に説明しなさい。

答　〔レーダーの測定原理〕
　電波は1秒間に3億メートル（300 m/μs）の等速で直進し，物標に当たると反射して返ってくる性質があります。レーダーは，この性質を利用してスキャナから発射した電波が物標に反射されて返ってくるまでの往復時間を測り，その量の1/2に電波速度を掛けて物標までの距離を測定します。物標の方位は，測定時のスキャナの向きで測ります。

問35　レーダー指示器の起動と停止は，どのように行いますか。

答　〔レーダー指示器の起動と停止について〕
　レーダー指示器の電源スイッチには，OFF，S/B および ON の3段階の切り換えがあります。レーダー指示器は，電源スイッチを OFF から S/B にして，約3分待ってから ON にすると起動します。OFF から直接 ON にしても，約3分待たなければ起動しません。レーダー指示器の停止は，スイッチを ON から OFF にして行います。

【参考】
　電源スイッチのS/Bは、レーダーを起動するための準備期間であって、ここで約3分待たないとレーダー指示器は起動しません。従って、次々にスコールに遭遇するときに、スコールの合間に電源スイッチはOFFにしてしまうと、次に起動するときにS/Bの位置で3分待たなければならないので、とっさの観測に間に合わなくなる恐れがあります。

問36 レーダーの性能を左右する要素には、どのようなものがありますか。

答　〔レーダーの性能を左右する要素〕
　レーダーの性能を左右する要素には、次のようなものがあります。
① 最大探知距離
② 最小探知距離
③ 映像拡大効果
④ 方位分解能
⑤ 距離分解能
⑥ 映像の鮮明度

【参考】
　レーダーの性能は、最大探知距離が大、最小探知距離が小、映像拡大効果が少なく、かつ、方位分解能、距離分解能および映像の鮮明度がよいほどよくなります。

問37 レーダーの方位分解能とは、何ですか。

答　〔レーダーの方位分解能〕
　方位分解能とは、レーダーから等距離にある2物標を、レーダースコープに2個の映像として分離表示できる能力をいいます。

【参考】
　レーダーから等距離にある2物標がレーダー電波の水平ビーム幅を超えて存在する場合、2物標の映像は2つに分離して表示されます。ただし、指示器のレンジスケールを大きくすると、ブラウン管の輝点の大きさが拡大されるため、2物標の映像は分離表示できなくなることがあります。

問38 レーダーの距離分解能とは，何ですか。

答 〔レーダーの距離分解能について〕
　距離分解能とは，レーダーから同一方向に離れて存在する2物標を，レーダースコープに2個の映像として分離表示できる能力をいいます。
【参考】
　レーダーから同一方向に存在する2物標が，レーダー電波のパルス幅の1/2を超えて存在する場合，2物標の映像は2つに分離して表示されます。ただし，レンジスケールを大きくすると，ブラウン管の輝点の大きさが拡大されるため，2物標の映像は分離表示できなくなることがあります。

問39 レーダーの最大探知可能距離を算出する式について説明しなさい。

答 〔レーダーの最大探知可能距離を算出する式〕
　レーダーの最大探知可能距離は，次の式を用いて算出できます。
　　$D = 2.22(\sqrt{h} + \sqrt{H})$〔海里〕
　ただし，D は最大探知可能距離〔海里〕，h はスキャナの海面からの高さ〔メートル〕および H は物標の海面からの高さ〔メートル〕とします。

問40 レーダー指示器のFTCスイッチとSTCツマミの効用（動作内容）について，それぞれ述べなさい。

答 〔FTCスイッチとSTCツマミの効用〕
　FTCスイッチは，OFFからONにすると，雨雪からの反射電波が除去されるため，レーダースコープ面の映像が鮮明になります。
　STCツマミは，OFFから時計回りに回すと，船に近いところにある海面反射が抑制されるため，その部分における映像の識別が容易になります。

問41 レーダーのノースアップ（North up）とヘッドアップ（Head up）の利点と欠点を，それぞれ述べなさい。

答 〔ノースアップとヘッドアップの利点と欠点〕
(1) ノースアップには，次の利点と欠点があります。
　＜利点＞
　　① ノースアップは，レーダーコープの上端が真北となり，すべての映像が真方位で表示されるため，映像と海図の比較が容易になります。
　　② 船が変針した場合，船首輝線のみが移動して，映像が乱れません。
　＜欠点＞
　　船の針路によっては，船橋から見える実景とレーダー映像が逆に見えることもあり，実景と映像の比較が困難になります。
(2) ヘッドアップには，次の利点と欠点があります。
　＜利点＞
　　ヘッドアップは，船首輝線がレーダースコープの上端に固定され，すべての映像が船首から測った相対方位で表示されるため，船橋から見える実景とレーダー映像の比較が容易になります。ヘッドアップは，狭水道の航行に適しています。
　＜欠点＞
　　① 変針に伴って，スコープ面の映像が移動して，残像のため映像がぼけることがあります。
　　② 船首揺れが大きいとき，物標の測定方位にヨーイング誤差が含まれます。
　　③ 物標の真方位への改正が面倒になります。

問 42 レーダーの映像拡大効果について，説明しなさい。

答 〔レーダーの映像拡大効果について〕
　レーダーの映像拡大効果とは，方位拡大効果と距離拡大効果を総称したものです。
(1) 方位拡大効果について説明します。
　　点物標の映像は，その中心より左右方向にそれぞれ水平ビーム幅の1/2だけ拡大されて表示されます。点物標以外の大きな物標の映像は，その外縁が水平ビーム幅の1/2だけ方位拡大されます。この拡大をレーダーの方位拡大効果といいます。

(2) 距離拡大効果について説明します。
　点物標等の映像は、それらの物標の後縁がレーダースコープの中心より外周の方向へパルス幅だけ拡大されて表示されます。この拡大をレーダーの距離拡大効果といいます。

【参考】
　レーダー映像は、すべて実際の大きさよりも拡大されて表示されています。従って、航海者はレーダー観測によって映像の方位と距離を測定するときは、方位拡大効果と距離拡大効果による方位誤差と距離誤差を消去するように心掛けなければなりません。

問43 レーダーによくあらわれる偽像には、どのようなものがありますか。

答 〔偽像の種類〕
　レーダーによくあらわれる偽像には、次のようなものがあります。
① 多重反射による偽像
② サイドローブによる偽像
③ 鏡現象による偽像
④ 2次反射による偽像
⑤ 第2掃引像
⑥ 他船のレーダー干渉による偽像

問44 レーダー方位に含まれる誤差には、どのようものがありますか。

答 〔レーダー方位に含まれる誤差の種類〕
　レーダー方位に含まれる誤差には、次のようなものがあります。
① 方位拡大効果による誤差
② 中心差
③ ブラウン管の輝点の大きさによる誤差
④ 掃引線の同期不良による誤差
⑤ ヨーイング誤差
⑥ 視差による誤差
⑦ 船体傾斜による誤差

問 45 レーダー距離に含まれる誤差には，どのようなものがありますか。

答　〔レーダー距離に含まれる誤差の種類〕
① 距離拡大効果による誤差
② ブラウン管の輝点の大きさによる誤差
③ 物標の形状に影響される誤差

(10) 自動衝突予防援助装置（ARPA）

問 46 視界制限状態の水域を航行中の船舶が，他の船舶の存在をレーダーのみにより探知した場合，ARPA を使用して当該他の船舶に著しく接近することとなるかどうかを判断する方法を説明しなさい。

答　〔ARPA を使用して他の船舶に著しく接近することとなるかどうかの判断方法〕
　ただちに ARPA を起動して，探知した他船目標を手動または自動で捕捉します。捕捉した目標にジョイスティックマークを合わせてから，操作パネル上の「REQUEST DETA」ボタンを押します。捕捉した目標のデータ（方位，距離，針路，速力，CPA および TCPA）が数値で表示されますので，他船の CPA が概ね 2～3 海里以下の数値であれば，当該他の船舶に著しく接近するものと判断します。

問 47 ARPA が警報を発するのは，どのような場合ですか。

答　〔ARPA が警報を発する場合〕
　ARPA は，次の場合に警報を発して注意を促します。
① 非追尾目標の CPA および TCPA が，共に最小設定値よりも小さくなった場合
② 非追尾目標が設定したガードリングの内側に侵入した場合
③ 追尾中の目標が消えた場合
④ 追尾目標が 20 を超えた場合
⑤ システムの機能が劣化した場合

(11) 船舶自動識別装置（AIS）

> **問 48** 出港前に手動で入力しなければならない自船の AIS 情報には，どのようなものがあります。5つ答えなさい。

答 〔出港前に手動入力が必要な自船の AIS 情報〕
手動入力が必要な自船の AIS 情報には，次のものがあります。
① 喫水
② 危険貨物の種類
③ 目的地（目的港を示す港コードなど）
④ 到着予定時刻
⑤ 航海計画（通過予定地点）

② 航路標識

(1) 航路標識の種類

問1 (1) 航路標識とは，何ですか。
(2) 航路標識を分類すると，どのような種類がありますか。

答 〔航路標識の意義および種類〕
(1) 航路標識とは，灯光，形象，彩色，電波などの手段により，船舶の航行を援助するものをいいます。
(2) 航路標識を分類すると，① 灯光，形象，彩色によるもの ② 電波によるもの ③ 特殊なものの3種類があります。

【参考】
海上保安庁交通部では，日本に敷設されている航路標識を，次表のように分類しています。

大別	中別	種類	説明	備考
光波標識	夜標	灯台	船舶が陸地，主要変針点又は船位を測定する際の目標とするために沿岸に設置した構造物及び港湾の所在，港口などを示すために港湾などに設置した構造物で，灯光を発し構造が塔状のものを灯台という。	
		灯標	船舶に岩礁，浅瀬などの障害物の存在を知らせるため又は航路の所在を示すために岩礁，浅瀬などに設置した構造物で，灯光を発するものを灯標という。	
		照射灯	船舶に障害物を知らせるために，暗礁，岩礁，防波堤の先端などを照射するものを照射灯という。	
		指向灯	通航困難な水道，狭い湾口などの航路を示すため，航路の延長線上の陸地に設置し，緑光により左舷危険側，赤光により右舷危険側をそれぞれ示すものを指向灯という。	
		導灯	通航困難な水道，狭い湾口などの航路を示すため，航路の延長線上の陸地に設置した2基以上を一対とする構造物で，灯光を発するものを導灯という。	
		灯浮標	船舶に岩礁，浅瀬などの障害物の存在を知らせるため又は航路の所在を示すために海上に浮かべた構造物で，灯光を発するものを灯浮標という。	
	昼標	立標	船舶に岩礁，浅瀬などの障害物の存在を知らせるため又は航路の所在を示すために岩礁，浅瀬などに設置した構造物で，灯光を発しないものを立標という。	
		浮標	船舶に岩礁，浅瀬などの障害物の存在を知らせるため又は航路の所在を示すために海上に浮かべた構造物で，灯光を発しないものを浮標という。	

大別	中別	種類	説明	備考
電波標識		ロランC局	ロランC局は，船舶のロランC受信機によって船位を測定するための100KHzの長波の電波を発射する局である。ロランC局は1主局と2つ以上の従局からなる。	昼夜間 2000 kmまで有効
		ディファレンシャルGPS	船舶がDGPS受信機によってGPSにより測定した位置の誤差補正値及びGPS衛星の異常情報を得るための電波を発射する施設をいう。	昼夜間 200 kmまで有効
	無線方位信号所	レーダービーコン	船舶のレーダー映像面上に送信局の位置を輝線符号の始点で表すように船舶から発射された電波に応答して電波（マイクロ波）発射する施設をいう。	昼夜間 9～17 kmまで有効
その他		船舶通航信号所	レーダー，テレビカメラ等により港内，特定の航路及びその付近水域又は船舶の輻輳する海域における船舶交通に関する情報を収集し，その情報を無線電話，一般電話又は電光表示板により船舶に通報又は表示する施設をいう。	
		潮流信号所	潮流が強く通航困難な海峡において，潮流の流向及び流速の変化を電光表示板や電波により通報する施設をいう。	

(2) 灯光，形象及び彩色によるもの

問2 灯光，形象および彩色による航路標識には，どのようなものがありますか。5つあげなさい。

答 〔灯光，形象および彩色によるもの5つ〕

灯光，形象および彩色による航路標識には，① 灯台　② 灯標　③ 立標　④ 灯浮標　⑤ 浮標などがあります。

【参考】

上記のほか，灯光，形象および彩色による航路標識には，導灯，導標，照射灯，指向灯，橋梁灯，橋梁標などがあります。

問3 航路標識の導灯および指向灯について，それぞれ説明しなさい。

答 〔導灯および指向灯〕

導灯は，通航困難な水道，狭い湾口などの航路を示すため，航路の延長線上の陸地に設置した2基以上を一対とする構造物で，灯光を発するものをいいます。

指向灯は，通航困難な水道，狭い湾口などの航路を示すため，航路の延長線上の陸地に設置し，白光により航路を，緑光により左舷危険側を，赤光により右舷危険側をそれぞれ示すものをいいます。

問4　橋梁灯とは，どのような航路標識ですか。説明しなさい。

答〔橋梁灯とは〕
橋梁下の可航水域または航路における中央（白灯），右側端（赤灯），左側端（緑灯）および橋脚の位置（黄灯）を示すために，橋桁等に設置された灯を橋梁灯といいます。

【参考】
橋梁標は，昼間利用されるもので，橋梁灯の白灯，赤灯および緑灯に代えて，それぞれ白色円盤に縦の赤線2本，赤色の三角形および緑色の四角形の標識が配置されています。

問5　(1) 灯質とは，何ですか。
(2) 明暗光（Oc）および急閃光（Q）とは，どのような灯質ですか。それぞれ説明しなさい。

答〔灯質の意義および明暗光と急閃光の定義〕
(1) 灯質とは，航路標識の灯光と一般の灯光との識別を容易にするとともに，付近にある航路標識の灯光との誤認を避けるために定められた，灯光の発射状態をいいます。
(2) 明暗光とは，一定の間隔で光を発し，明間または明間の和が暗間または暗間の和より長いものをいいます。
急閃光とは，一定の間隔で1分間に50回の割合の光を発し，明間の和が暗間の和より短いものをいいます。

【参考】
上記のほか，灯質には，不動光（F），等明暗光（Iso），閃光（Fl），互光（Al），モールス符号光（Mo）などがあります。

問6 (1) 右舷灯浮標と左舷灯浮標（B地域）の標体の塗り色は，何色ですか。それぞれ答えなさい。
(2) 入港船が，これらの灯浮標を船の前方に発見したときは，これらをどのように見て航行しますか。それぞれ答えなさい。

答 〔右舷灯浮標と左舷灯浮標について〕
(1) 右舷灯浮標は赤色，左舷灯浮標は緑色となっています。
(2) 右舷灯浮標は船の右舷側に見て，左舷灯浮標は船の左舷側に見て，それぞれ航行します。

問7 特殊標識の頭標（トップマーク）の形状，灯質および意味について，それぞれ述べなさい。

答 〔特殊標識について〕
特殊標識の頭標の形状は，X形1個です。
灯質は，単閃光，群閃光（毎20秒に5閃光）およびモールス符号光（AとUを除く。）の3つのうち，いずれかとなっています。
意味は，標識の位置が工事区域等の特別な区域の境界であることまたは標識の位置もしくはその付近に海洋観測施設があることを示しています。

問8 下図に示す灯浮標の名称，灯質および意味をそれぞれ述べなさい。また，船舶は，この標識のどこを航行すべきですか。

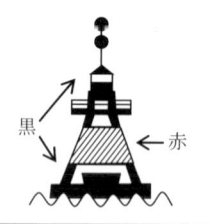

答 〔灯浮標の名称，意味およびこれを視認したときの措置〕
名称は孤立障害灯浮標，灯質は毎5秒または毎10秒に2閃白光です。その意味は，標識の位置またはその付近に岩礁，浅瀬，沈船等の障害物が孤立してあることを示しています。従って，船舶は，この標識から十分な

離隔距離を保って航行しなければなりません。

問9 (1) 海図に記載されている灯台の地理学的光達距離を説明しなさい。
(2) この距離を算出する算式を示しなさい。

答 〔海図に記載されている灯台の地理学的光達距離〕
(1) 海図に記載されている灯台の地理学的光達距離は，晴天の暗夜において，平均水面上5メートルの眼高の測者が，水平線に灯台の実光を初認できる距離が記載されています。
(2) 海図に記載されている灯台の地理学的光達距離は，次の算式で求めます。

$$D = 2.083(\sqrt{H} + \sqrt{5}) \text{ 海里}$$

ただし，
D：海図記載の地理学的光達距離〔海里〕
H：灯高〔メートル〕
とします。

問10 灯台の光達距離を利用する場合，どのような注意が必要ですか。

答 〔光達距離に対する注意事項〕
① 灯台の光達距離は，大気の状態によって大きく変動します。
② 灯台の付近や背後に明るい灯光が存在すると，光達距離は見かけ上減少します。
③ 高所にある灯台の灯光は，しばしば雲で遮られることがあります。

【参考】
灯台の灯光を初認できない場合
船が海図記載の光達距離内に達しても，次の各場合，灯台の灯光を初認できない場合があります。
① 霧，モヤなどで視界が制限されている場合
② 測者の眼高が，平均水面上5メートルより低い場合
③ 船が灯台の明弧外にいる場合
④ 寒冷地方のため灯器の周囲に結氷を生じている場合
⑤ 灯台が高所にあるため，灯光が雲に遮られている場合

⑥ 灯台が消灯している場合

問11 (1) 水源とは，何ですか。
(2) 一般の港とは形状の異なる関門海峡や瀬戸内海の水源は，どのようになっていますか。

答 〔水源について〕
(1) 水源とは，港，湾，河川およびこれらに接続する水域における側面標識の右側および左側を決める基準となる地点をいいます。IALA海上浮標式（B地域）による港，湾，河川およびこれらに接続する水域における水源は，港もしくは湾の奥部，河川では上流側となっています。湾奥のない瀬戸内海（関門海峡を含む）では，神戸港が水源となります。また，日本の沿岸に所在する瀬戸における水源は，与那国島と定められています。
(2) 神戸港です。

【参考】
宇高東航路および宇高西航路における側面標識の右側と左側は，宇野港を水源として決定されます。

(3) 電波によるもの

問12 電波による航路標識には，どのようなものがありますか。

答 〔電波による航路標識の種類〕
電波による航路標識には，① ロランC　② DGPS　③ レーダービーコン（レーコン：Racon）の3種類があります。

問13 レーダービーコン（レーコン）とは，どのような航路標識ですか。

答 〔レーダービーコンについて〕
レーダービーコンは，船用レーダーの映像画面に，レーダービーコンの位置を破線符号の始点で表すように，船舶から発射されたレーダー電波に

応答して，無指向性のマイクロ波を発射している標識局です。有効距離は，昼夜間において5～9海里です。

【参考】
　レーダービーコンの識別符号
　レーダービーコン局では，局の識別ができるように，破線符号（－－－－）に代えてモールス符号（C－・やG－－・など）を使用しているところが多数あります。

(4) 特殊なもの

問14　(1)　特殊な航路標識には，どのようなものがありますか。
　　　　(2)　それらはどこに設置され，どのようなことを知らせていますか。

答　〔特殊な航路標識の種類および設置場所等〕
(1)　特殊な航路標識には，船舶通航信号所と潮流信号所の2種類があります。
(2)　①　船舶通航信号所は，日本各地の航行船舶の輻輳する海域等に設置され，備え付けのレーダーやテレビカメラにより，港内の特定の航路およびその周辺海域並びに船舶交通の輻輳する海域における船舶交通に関する情報を収集し，その情報を無線電話，一般加入電話または電光表示板により，船舶に通報しています。
　　　②　潮流信号所は，来島海峡と関門海峡の2か所に設置され，同海峡における潮流の流向および流速の変化を電光表示板や無線放送等により，船舶に通報しています。

問15　電光表示板により，N，6，↓と潮流情報が表示されました。その意味を述べなさい。

答　〔電光表示板による潮流情報の意味〕
①　N符は，現在の潮流の流向が北流であることを表示しています。
②　数字の6は，現在の潮流の流速が6ノットであることを示しています。
③　下向きの矢符↓は，今後の流速が遅くなることを意味しています。

【参考】

次表は，来島海峡の電光表示板に表示される電光文字等とその意味をまとめたものです。

電光文字等	意味	航行時に留意すべき事項
S	南流	
N	北流	
0〜10	流速 （単位：ノット）	逆潮の場合，対地速力4ノット以上を保つ必要があります。
↑	流速が速くなる	
↓	流速が遅くなる	
↓	転流1時間前から転流まで	この表示が出ている場合，転流前の入航通報が必要になります。
×	転流期 〔転流の20分前から転流して20分後まで〕	

③ **水路図誌** (水路図誌は，口述試験のみに出題されます)

(1) 水路図誌の種類

> **問1** 水路図誌とは，何ですか。説明しなさい。

答〔水路図誌〕

　水路図誌とは，海上保安庁海洋情報部が，航海の安全と船舶の能率的な運航のために刊行している海図と水路書誌を総称したものです。これを更に分類すると，海図には，航海用海図と特殊図の2種類があり，水路書誌には，水路誌と特殊書誌の2種類があります。

【参考】

　水路図誌を分類すると，次のような種類があります。

水路図誌	海図	航海用海図（航海用電子海図）	日本及び付近諸海，北海道及び付近，LCW南方諸海，東京湾，（分図）串木野港，その他多数（E3011東京湾） 注：Eは航海用電子海図
		特殊図	大圏航法図，パイロットチャート，海流図，潮流図，日本近海磁針偏差図，海図図式，天測位置決定用図，その他
	水路書誌	水路誌	本州南・東岸水路誌，本州北西岸水路誌，瀬戸内海水路誌，北海道沿岸水路誌，九州沿岸水路誌（以上領海水路誌），その他領海外水路誌多数
		特殊書誌	大洋航路誌，近海航路誌，灯台表第1巻，第2巻及び第3巻，天測計算表，天測暦，潮汐表第1巻及び第2巻，水路図誌目録，距離表，その他

(2) 海図

> **問2** (1) 平面図と漸長図の相違点を述べなさい。
> (2) 海図を縮尺に基づく使用目的から分類すると，どのようなものがありますか。縮尺の小さいものから順にあげなさい。

答〔平面図と漸長図の相違点および使用目的による海図の種類〕

(1) 平面図は，縮尺が5万分の1以上で，精度が海図の中で最も良いです。しかし，図載区域は，他の海図に比べると最小となります。距離測定は，任意の場所における緯度尺を使用できますので，平面図には距離尺が記入されています。

漸長図は，縮尺が5万分の1未満で，精度が平面図に比べると落ちます。しかし，図載区域は，平面図に比べると大きくなります。また，漸長図は赤道上の真子午線の間隔を基準にして全ての真子午線を平行な直線で描いています。そのため緯度尺1分の長さが高緯度になるほど漸長されているので，2地点間の距離測定は，両地の中分緯度における緯度尺を使用しなければなりません。

(2) 海図を縮尺に基づく使用目的から分類すると，総図，航洋図，航海図，海岸図および港泊図の5種類があります。縮尺は，総図が最も小さく，港泊図で最も大きくなっています。

> **問3** (1) 基本水準面とは何ですか。
> (2) 潮高が−30cmのとき，海図に水深5mが記載された場所における測得水深は，何メートルですか。

答〔基本水準面〕

(1) 基本水準面とは，海図記載の水深を測る基準面のことです。この面は，最低水面（略最低低潮面）に相当し，年間を通して潮汐によりほぼこれ以下には下がらないであろうと予想された海面です。海図記載の水深，干出岩の高さおよび潮汐表に記載されている潮高は，この基本水準面から測ったものです。

(2) 潮高が−30cmのとき，海図上の水深5mが記載された場所の測得

水深は，5m − 0.3m = 4.7m となります。

問 4 海図記載の海岸線は，どの位置を採用していますか。

答〔海図記載の海岸線の位置〕
　海図に記載された海岸線は，最高水面（略最高高潮面）が陸地を横切る線で記載されています。従って，実際の海岸線は，海図上の海岸線の位置よりも沖合に出ている場合が多くなります。

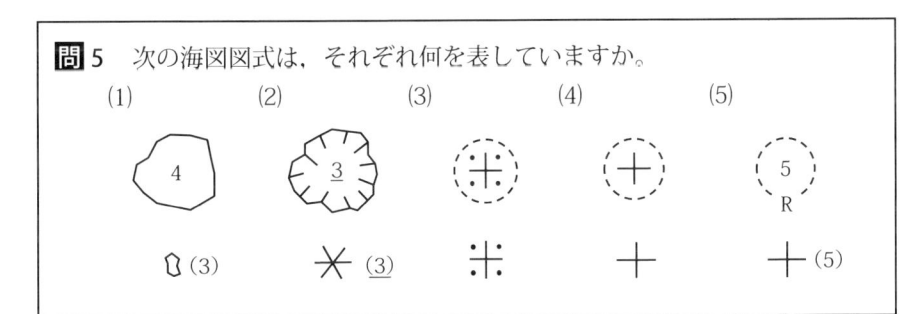

問 5 次の海図図式は，それぞれ何を表していますか。
(1)　　　(2)　　　(3)　　　(4)　　　(5)

答〔危険物〕
(1) 水上岩で，高さが4メートル，下は3メートルであることをそれぞれ表しています。
(2) 干出岩で，高さが最低水面上3メートルであることを表しています。
(3) 洗岩で，最低水面で洗う岩を表しています。
(4) 暗岩で，航行に危険な岩であることを表しています。
(5) 孤立岩で，岩上の水深が5メートルであることを表しています。

問 6 次の海図図式は，それぞれ何を表していますか。
(1)　S　　(2)　M　　(3)　St　　(4)　R　　(5)　Co

答〔底質〕
(1) 底質が砂であることを表しています。
(2) 底質が泥であることを表しています。
(3) 底質が石であることを表しています。

(4) 底質が岩であることを示しています。
(5) 底質がサンゴであることを表しています。

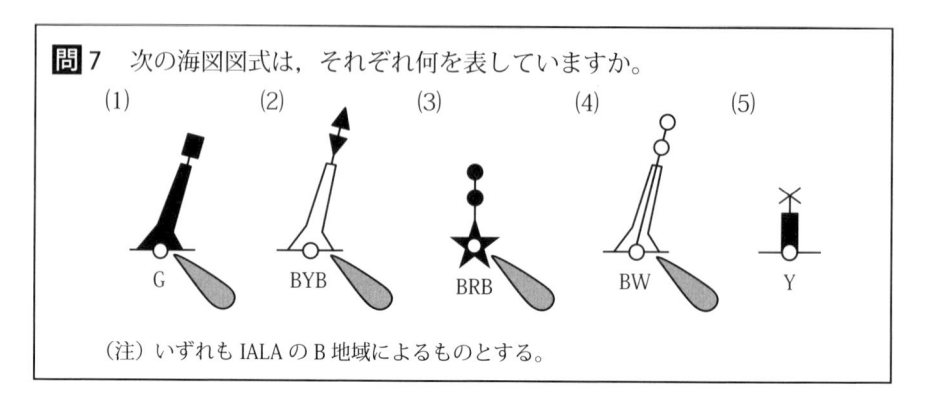

問7 次の海図図式は，それぞれ何を表していますか。

(1) G　(2) BYB　(3) BRB　(4) BW　(5) Y

（注）いずれもIALAのB地域によるものとする。

答　〔浮標式〕
(1) 左舷灯浮標で，標識の左側に岩礁，浅瀬，沈船等の障害物があり，右側に可航水域または航路があることを表しています。
(2) 東方位灯浮標で，標識の東側に可航水域があり，西側に岩礁，浅瀬，沈船等の障害物があることを表しています。
(3) 孤立障害灯標で，標識の位置または付近に岩礁，浅瀬，沈船等の障害物が孤立してあることを表しています。
(4) 安全水域灯浮標で，標識の周囲が可航水域であること，または標識の位置が航路の中央であることを表しています。
(5) 特殊立標で，標識の位置が工事区域等の特別な区域の境界であること，または標識の位置もしくはその付近に海洋観測施設があることを表しています。

問8　海図を使用するときの一般的な注意事項を述べなさい。

答　〔海図使用上の注意〕
① 海図は，常に最新のものを使用します。海図の新旧は，測量年度，刊行年月日または改正欄に記録された小改正を行ったときの水路通報の年号と項数を見て確かめます。
② 海図は，できるだけ大尺度のものを使用します。陸岸や浅瀬に接近す

③ 水路図誌　37

　　　るときは，特に最大尺度の海図を使用します。
　③　沿岸航行中は，船の大きさ，喫水，海図の縮尺などを考慮して，5メートルまたは10メートル等深線を警戒線とし，これを超えて船を陸岸側へ乗り入れないようにします。やむを得ず進入するときは，測深しながら接近します。
　④　水深を示す数字や等深線が記入されていない空白地は，未測海域または海底の凹凸の激しい場所なので，その部分を航行し，または泊地として使用することは避けます。
　⑤　海図は汚損しないようにするとともに，鉛筆や消しゴムは良質のものを使用して，できる限り傷付けないように注意して使用します。

問9　出港前に，航海に使用する海図はどのようにして準備しますか。

答　〔航海中に使用する海図の準備〕
　　出港前，航海に使用する海図は，水路図誌目録の索引図を参照して，必要な海図の番号と海図名を確かめて準備します。そして発航港の海図が最上，到達港の海図が最下となるように整えて，チャートテーブルの最上段の引き出しに格納します。このときテーブルの2段目の引き出しは，使用済みの海図を格納できるように空にしておきます。
　【参考】
　　航海用電子海図（ENC）を使用する場合は，水路図誌目録の「航海用電子海図索引図」を参照して，必要な海図の番号と海図名を検索することができます。

問10　(1)　海図の小改正とは何ですか。また，それはどのような方法で行いますか。
　　　(2)　小改正を行った後は，どこに何を記録しておきますか。

答　〔海図の小改正〕
　(1)　海図の小改正とは，海図の記載内容を最新の状態に維持するために，水路通報に基づいて，海図の使用者が自から海図を改補することをいいます。
　　　海図の小改正の方法には，次の3つがあります。

① 手記による法：水路通報の記事を読み，海図の訂正箇所を手書きにより改正します。
② 補正図の貼付による法：水路通報の巻末に添付された補正図を海図の訂正箇所に貼り付けて改正します。
③ 付図の転記による法：付図を海図の訂正箇所の上に重ねて，付図に描かれた赤線の部分をなぞって海図に書き写します。

(2) 海図の小改正を行った後には，一時関係（T：temporary）を除き，海図の左下欄外から順に，小改正を行ったときの水路通報の年号と項数を記録しておきます。

【参考】
　航海用電子海図の改補は，日本水路協会の「ENC Support」サイトにログイン（IDとパスワードが必要）して，水路通報をファイル化した電子水路通報（Update）をダウンロードし，これをインストールすることにより可能となります。または同協会から毎月有料で電子水路通報のCDを郵送してもらうこともできます。

(3) 水路書誌等の利用

> 問11　(1) 水路図誌目録には，どのようなことが記載されていますか。
> 　　　(2) また，これはどのような場合に使用しますか。

答　〔水路図誌目録〕
(1) 水路図誌目録は，水路図誌の総目録が記載されています。その主な項目には，次のようなものがあります。
　① 海図の索引図の区域一覧
　② 区域ごとの海図の索引図および海図番号索引一覧
　③ 航海用電子海図の索引図および航海用電子海図番号索引一覧
　④ 水路誌一覧
　⑤ 特殊書誌一覧
　⑥ 大陸棚の海の基本図
　⑦ 水路図誌販売所一覧
(2) 次のような場合に使用します。
　① 新たに海図や水路書誌を購入する場合

② 航海で使用する海図を取り揃える場合
③ 水路図誌の改補に関する情報をメモする場合

問12 特殊書誌の種類を5つあげ，そのうちの1つについてその利用方法を説明しなさい。

答 〔特殊書誌の種類とその利用法〕
特殊書誌には，次のものがあります。
① 水路誌（第1種水路誌，第2種水路誌）
② 航路誌（近海航路誌と大洋航路誌の2冊）
③ 灯台表（灯台表第1巻，第2巻および第3巻の3冊）
④ 潮汐表（潮汐表第1巻および第2巻の2冊）
⑤ 水路図誌目録
水路誌について説明します。
水路誌は，総記，航路記，沿岸記および港湾記の4編で構成されており，記載区域の気象，海象，航路事情，沿岸地形，港湾の状況・施設，航路標識並びに必要な写真，図面および対景図など航海に必要な情報が最も詳細に記載された未知の港への道案内書です。従って，船長が初めての港へ航海するときに，必要な情報を収集するのに水路誌を利用します。

【参考】
その他よく使用される特殊書誌には，次のものがあります。
① 天測計算表
② 天測暦
③ 天測略歴
④ 距離表
⑤ ロランテーブル
⑥ 航路指定

問13 潮汐表には，どのようなことが記載されていますか。

答 〔潮汐表の記載事項〕
潮汐表第1巻には，「日本及び付近」における標準港の毎日の潮時，潮高および主な瀬戸の毎日の潮流の転流時，最強時，最強時の流向・流速が

記載されています。また，巻末には，標準港以外の港における潮時・潮高を求めるための改正数（潮時差，潮高比）および標準地点以外の瀬戸における潮流の転流時，最強時，最強時の流向・流速を求めるための改正数（潮時差，流速比）が記載されています。更に日本周辺における潮汐・潮流の概況，潮汐解説等も記載されています。

潮汐表第2巻には，標準港の潮時と潮高など，潮汐表第1巻に記載されたものと同じものが「太平洋及びインド洋」に限定して記載されています。

問 14 (1) 水路通報とは，何ですか。
(2) その主な通報内容を5つあげなさい。

答 〔水路通報〕
(1) 水路通報とは，海上保安庁海洋情報部が，水路図誌の刊行に関する情報，水路図誌の改補に必要な情報および船舶交通の安全と能率的な運航のために必要な情報を，毎週金曜日に印刷物およびインターネットに掲載して，水路図誌の利用者に提供する通報をいいます。
(2) 水路通報として通報される主な内容には，次のようなものがあります。
① 浅瀬，暗礁，沈船，危険漂流物の発見
② 沿岸の地形，岸線，水深などの変化
③ 航路標識の新設，移設，廃設，または故障
④ 船舶の航・泊の制限または禁止
⑤ 自衛隊，米軍等の訓練

問 15 (1) 航行警報とは，何ですか。
(2) 航海中に航行警報を受信したときは，どのようにしますか。

答 〔航行警報〕
(1) 航行警報とは，海上保安庁が，船舶交通の安全のために必要な情報中，緊急に通報を必要とするものについて，日本航行警報，NAVAREA-XI 航行警報，NAVTEX 航行警報および地域航行警報として定時または随時に発表するものをいいます。
(2) 航行警報を受信したときは，直ちにその旨を船長に報告するとともに，

通報内容の確認を行って慎重に対処します。

④ 潮汐及び海流

(1) 潮汐に関する用語

問1 潮汐用語として使用される日潮不等および月潮間隔について説明しなさい。

答〔日潮不等および月潮間隔〕
① 1日2回潮の潮汐において，午前と午後の高潮同士の潮高は等しくなく，午前と午後の低潮同士の潮高も等しくありません。また，1日における潮時の間隔も等しくありません。これを日潮不等といいます。
② 月がその地の子午線に正中してからその地が高潮になるまでの経過時間を高潮間隔といい，その地が低潮になるまでの経過時間を低潮間隔といいます。月潮間隔とは，この高潮間隔と低潮間隔を総称したものです。

問2 (1) 大潮とは，何ですか。
(2) 大潮は，地球に対して月と太陽がどのような関係位置になったときに起こりますか。

答〔大潮について〕
(1) 大潮とは，潮差（干満の差）が最大になる潮汐をいいます。
(2) 大潮は，地球に対して月と太陽が一直線上に並んだときに起きます。このとき，月と太陽の引力が地球に対して同じ方向に作用するため，干満の差が最大となって大潮となります。

(2) 潮汐表の使用法

問3 潮汐表を使用して標準港以外の港における潮時と潮高を求める方法を説明しなさい。

[4] 潮汐及び海流　43

答　〔潮汐表により潮時・潮高を求める方法〕
　潮汐表を使用して，標準港以外の港における潮時と潮高を求めるには，次の方法によります。
　① 潮時は，標準港の潮時に「潮時差」を加減して求めます。
　② 潮高は，標準港の潮高に「潮高比」を掛けて求めます。
　なお，潮汐表には，第1巻と第2巻の2冊がありますが，標準港以外の港における潮時と潮高の求め方は，どちらも同じで，上記の方法で求めます。

【参考】
　標準港以外の港の潮高を正確に求めるときは，次の厳密法による方法が用いられます。
　　潮高＝（標準港の潮高－標準港のZ_0）×潮高比＋その港のZ_0
　ただし，Z_0は平均水面から測った基本水準面（最低水面）までの深さです。

(3) 日本近海で潮流の激しい場所及びその場所における流向，流速

問4　日本近海で潮流の速い個所を3つあげ，それぞれの場所における潮流の流向と最強時の流速を答えなさい。

答　〔日本近海の急潮流〕
　潮流の速い瀬戸から順に答えます。
　① 鳴門海峡：流向は南北で，最強流速は，10ノットに達します。
　② 来島海峡：流向は南北で，最強流速は，9ノットに達します。
　③ 関門海峡早鞆瀬戸：流向は東西で，最強流速は，8ノットです。

【参考】
　以上のほか，次の箇所で急潮流が存在します。

場所	流向	最強流速
明石海峡	東西	6ノット
速吸瀬戸	南北	6ノット
クダコ水道	南北	6.5ノット
早崎瀬戸	南北	7ノット
東京湾口	南北	2ノット
備讃瀬戸東部	東西	2ノット
伊良湖水道	北西，南東	1.7ノット

(4) 日本近海の主要海流の名称，流向及び流速

問5 (1) 日本近海の主要海流名を5つあげなさい。
(2) そのうちの1つを選び，その海流の流路と，平均的な流速について説明しなさい。

答〔日本近海の主要海流について〕
(1) 日本近海の主要海流名には，
① 黒潮（日本海流）
② 対馬海流
③ 親潮（千島海流）
④ リマン海流
⑤ 東樺太海流　などがあります。
(2) 黒潮について説明します。
① 黒潮は，北太平洋の環流の一部をなすもので，その流路はだいたい次のようになっています。フィリピン東方海域から端を発し，台湾の東方を北上し，台湾と石垣島の間を通過した後，南西諸島の西側を北東進し，九州の南方から日向灘，足摺岬，室戸岬の順に北東進し，潮ノ岬の沖で陸岸に最も近づきます。その後，遠州灘を経て，三宅島と八丈島の間を東北東に進み，冬季は犬吠埼，夏季は金華山の沖に達してから北太平洋に流れ出ます。
② 黒潮の流速は，季節や海域によって異なりますが，総合平均すると1日の流程が20海里から30海里に達しています。

問6 (1) 対馬海流の流路について説明しなさい。
(2) この海流の本流域における平均流速は，何ノット程度ですか。

答〔対馬海流について〕
(1) 対馬海流は，九州の南方海域で黒潮の一部が分かれたもので，その本流域の流路は次のようになっています。
トカラ海峡付近から流れ始め，五島列島の西側を北上し，対馬海峡を経由して日本海へ入ります。日本海では3分して北東進したのち，秋

田県の入道崎の沖で会合し，その大部分は津軽海峡を経て北太平洋にぬけます。一部に北海道の西側を北上して宗谷海峡を経由してから北太平洋へ出るものもあります。
(2)　対馬海流の本流域における平均流速は，海域によって異なりますが，冬季で0.5～1.2ノット，夏季で1.0～1.5ノット程度になっています。

5 地文航法

(1) 距等圏航法，中分緯度航法及び流潮航法

問1 (1) 距等圏とは，何ですか。
(2) 距等圏航法とはどのような航法ですか。

答 〔距等圏の意義および距等圏航法〕
(1) 距等圏とは，赤道に平行な小圏のことです。
(2) 距等圏航法とは，船舶が針路を真東または真西にとって距等圏上を航海するときに用いる航法です。この航法では，出発地と到着地の間の東西距，変経および船の航走する距等圏の緯度の3者の関係を，Dep. = D.L. × cos l の公式を用いて求めます。

問2 (1) 中分緯度航法とは，どのような航法ですか。
(2) この航法の実施が不適当となるのは，どのような場合ですか。

答 〔中分緯度航法について〕
(1) 中分緯度航法とは，船が真針路を東，西，南，北以外にとって長距離航海するときに用いる航法の1つです。この航法では，出発地と到着地の間の東西距を，両地を通る2本の子午線が両地の平均中分緯度を通る距等圏をはさむ長さに等しいと仮定して，平面航法と距等圏航法を応用して航海上必要な諸要素を求めます。
(2) 中分緯度航法の実施が不適当となるのは，次の4つの場合です。
① 航程が600海里を超える場合
② 両地の平均中分緯度が60°を超える場合
③ 針路が南北に近い場合
④ 出発地と到着地の間に赤道を挟んで航海する場合

問3 中分緯度航法で使用する公式をあげなさい。

答　〔中分緯度航法で使用する公式〕

針路と航程を知って、到着地の緯度と経度を求める場合に使用する公式には、次の①から③があります。

①　D.$l.$ = Dist. × cos Co.
②　Dep. = Dist. × sin Co.
③　D.L. = Dep. × sec Mid.$l.$ = Dep. / cos Mid.$l.$

出発地と到着地の間の変緯と変経を知って、到着地へ直航するための針路と航程を求める場合に使用する公式には、次の①から③があります。

①　Dep. = D.L. × cos Mid.$l.$
②　tan Co. = Dep. / D.$l.$
③　Dist. = D.$l.$ × sec Co. = D.$l.$ / cos Co.

なお、両地の平均中分緯度は、Mid.$l.$ = $(l_1 + l_2) \div 2$ の公式で求めます。

問 4　(1)　風圧差および流圧差とは何ですか。
　　　　(2)　これらはどんな場合に大きくなるのですか。

答　〔風圧差と流圧差〕

(1)　風圧差（リーウェイ）とは、風のために生じた船の視針路と実航針路との差角をいいます。また、流圧差（タイダルウェイ）とは、流潮が原因で発生した船の視針路と実航針路との差角をいいます。

(2)　①　風圧差は、次の場合に大きくなります。
　　　(a)　風を船の正横近くに受ける場合
　　　(b)　風速が大きい場合
　　　(c)　船速が小さい場合
　　　(d)　船の乾舷が大きい場合
　　　(e)　船尾トリムがついている場合
　　②　流圧差は、次の場合に大きくなります。
　　　(a)　流潮を船の正横近くに受ける場合
　　　(b)　流潮の流速が大きい場合
　　　(c)　船速が小さい場合
　　　(d)　船の喫水が大きい場合
　　　(e)　船首トリムがついている場合

問5 推測位置（D.R.）と推定位置（E.P.）は，どこが違いますか。

答〔推測位置と推定位置〕
　推測位置（Dead Reckoning Position）は，出発位置から船の取った視針路と対水航程のみで求めた位置をいいます。これに対して，推定位置（Estimated Position）は，航海中に受けた風，波浪，海潮流などの外力の影響，その他操舵の誤りなどを考慮して，推測位置を修正して求めた位置をいいます。

(2) 地上物標による船位の測定

問6　(1)　陸上物標による船位測定法の種類を5つあげなさい。
　　　(2)　そのうちの1つについて測定方法を説明しなさい。

答〔陸上物標による船位測定法〕
(1)　陸上物標による船位測定法には，次の5つがあります。
　　① クロス方位法　② 方位距離法　③ 両測方位法（方位線の転位による方法）　④ 四点方位法　⑤ 船首倍角法
(2)　クロス方位法について説明します。
　　沿岸航行中に，2個以上の陸上物標の方位を同時に測り，海図上に測定物標を通る方位線をそれぞれ記入し，それらの交点で船位を求めます。

問7　(1)　クロス方位法で船位を測定する場合，物標選定上どのような注意を行いますか。
　　　(2)　この場合，物標は2個よりも3個以上選んだ方がよいといわれていますが，それはなぜですか。

答〔クロス方位法を実施する場合の物標選定上の注意〕
(1)　物標の選定については，次のような注意を行います。
　　① 海図に位置が明記された固定物標（例えば灯台，灯柱，島頂，著樹等）で，できる限り近距離にあるものを選びます。
　　② 遠くに見える固定物標，形状のよくない山頂，干満の差で方位が変

化する岬角などは避けます。
③ 位置が絶えず変化する浮標，灯浮標，灯船などの移動物標も避けます。
④ 物標は，できる限り2個よりも3個以上選定します。
⑤ 2物標で船位を測定するときは，2本の方位線ができる限り直交（90°）する2物標を選び，この交角が30°以下または150°以上となる物標の選定は避けます。
⑥ 3物標で船位を測定するときは，3本の方位線が互いに60°に近い角度で交わる3物標を選定します。
(2) 物標を3個選んでおくと，3本の方位線が1点で交わるか否かによって，測定した船位の正否を確認できます。2物標では，2本の方位線が常に1点で交わるため，測定した船位の正否が確認できません。

問 8 クロス方位法で船位を求める場合，遠くの物標は避けてできる限り近くの物標を選ぶのは，なぜですか。

答 〔クロス方位法で，遠距離物標は避けて近距離物標を選ぶ理由〕
　クロス方位法で船位を求める場合，遠くの物標は避けて，できる限り近距離にある物標を選ぶのは，方位誤差が発生したときに船位誤差を小さくするためです。

問 9 (1) クロス方位法で船位を測定するときに誤差三角形ができることがありますが，その原因を5つあげなさい。
(2) 誤差三角形ができたときは，どうすればよいですか。

答 〔クロス方位法の誤差三角形〕
(1) 誤差三角形ができる原因には，次のようなものがあります。
① 物標の方位測定に際し，各方位の測定に時間を要した。
② コンパスカードの方位目盛りを読み違えた。
③ コンパスに誤差が生じていた。
④ 海図上で測定物標を取り違えた。
⑤ 海図の精度が著しく悪かった。
(2) 誤差三角形が生じたときの処置

① 三角形が小さいときは，その中心を船位とします。
② 三角形が大きいときは，直ちに方位を測り直します。この場合，方位の測り直しができないときは3本の方位線のうち最も自信のあるもの2本を選び，それらの交点を仮の船位として採用します。また，付近に浅瀬等の危険物が存在する場合には，それに最も接近する誤差三角形の頂点の1つを仮の船位として警戒します。

【参考】
　誤差三角形ができる原因は，クロス方位法で船位を決定する過程において，何らかの誤りが介入することです。従って，3本の方位線が1点で交わり誤差三角形を生じないときは求めた船位は，何らの誤差も含んでいないことを示します。

問10 (1) 両測方位法（方位線の転位による方法）で，船位を測定する方法を説明しなさい。
(2) この場合，できる限り正しい船位を求めるには，どのような注意をすればよいのですか。

答　〔両測方位法およびこの方法でできる限り正しい船位を求めるための注意事項〕
(1) 両測方位法は，沿岸航行中に1物標の方位を前後2回測定して，測定物標を通る第1回方位線と第2回方位線をそれぞれ海図に記入します。物標の方位を前後2回測定する間の船のとった針路と航程だけ第1回方位線を平行移動して後測時の転位線を記入します。後測時の船位はその転位線と第2回方位線の交点で求めます。
(2) 次のような注意を行って，できる限り正しい船位を求めます。
　① 針路と速力を一定に保って実施します。
　② 転位時間はできる限り短く，かつ，位置の線の交角はできる限り直交させて船位決定します。そのためには，近くにある物標を選んで実施します。
　③ 物標が遠くにあって方位変化が遅い場合は，物標の方位が30°以上変化したら，早めに船位決定します。
　④ 海潮流の影響が既知の場合は，これを加味して転位線を求めます。

|問| **11** 沿岸航行中，陸上物標までの距離を測定する方法を説明しなさい。

|答| 〔陸上物標までの距離測定法〕
① 通常はレーダーで距離を測定します。レーダー距離は，最も精度がよく信頼できます。（レーダー距離の利用）
② 高度のわかっている陸上物標の仰角を測って距離を測定します。（仰角距離法）
③ 灯台の地理学的光達距離を利用して灯台までの距離を測ることもできます。

【参考】
　〔$D = 2.083 (\sqrt{H} + \sqrt{h})$ 海里〕
ただし，D：地理学的光達距離（海里），H：灯高（メートル），h：測者の眼高（メートル）とします。

|問| **12** 沿岸航行中，四点方位法により船位を測定する方法を説明しなさい。

|答| 〔四点方位法による船位測定法〕
　四点方位法は，直角二等辺三角形の性質を利用して，次の方法で船位を求めます。
① 近くにある1物標を選定して，その船首角を4点（45°）に測り，その時刻を記録します。
② そのままの針路と速力で航行を続け，同物標の船首角が8点（90°），つまり正横となるのを確かめてから，その時刻を記録します。
③ 物標の船首角が4点から8点に変化するまでの経過時間に船速を掛けて，その間の航程を求めます。
④ 物標の船首角が8点になった時点で，物標の正横距離と③で求めた航程が直角二等辺三角形の二等辺の関係になるため，後測時における船位は，航程が物標までの距離に等しいとして求めます。

|問| **13** 四点方位法で，針路に平行な潮流があるときは，船位は陸岸に寄りますか，沖合に出ますか。

答〔四点方位法について〕

　針路に平行な潮流がある海域で四点方法を実施した場合，潮流を考慮しないで求めた船位に対して，実際の船位は次のようになります。

① 逆潮流の場合は，その間に受けた流程に相当する距離だけ，実際の船位は陸岸に寄っています。

② 順潮流の場合は，その間に受けた流程に相当する距離だけ，実際の船位は沖合に出ています。

問14 (1) 船首倍角法によって船位を求める方法を説明しなさい。
　　　 (2) この方法で船位を求めるときは，どのような注意が必要ですか。

答〔船首倍角法について〕

(1) 二等辺三角形の性質を利用して，次の方法で船位を求めます。

① できるだけ近くにある1物標を選定して，その船首角をa°に測り，その時刻を記録します。

② そのままの針路と速力で航行を続け，同物標の船首角が $2 \times a°$（倍角）になるのを確かめてから，その時刻を記録します。

③ 物標の船首角が倍角になるまでの経過時間に船速を掛けて，その間の航程を求めます。

④ 物標の船首角が倍角になった時点で，船と物標との間の距離と③で求めた航程が二等辺三角形の二等辺の関係になるため，後測時における船位は，航程が物標までの距離に等しいとして求めます。

(2) 実施上の注意は，次のとおりです。

① 転位時間を短くするため，できる限り近距離にある物標を選定します。

② 針路と速力を一定に保って航行します。

③ 正確に時間を測って，航程の精度を良くします。

④ 風潮流の影響を受けた可能性があるときは，求めた船位を過信しないようにします。

問15 コンパス針路60°で航行している船が，L灯台を右舷船首33°に測ってから船首倍角法によって船位を測定するためには，L灯台の2回目のコンパス方位は何度に測ればよいのですか。

答 〔船首倍角法による測定について〕

第2回目のL灯台の船首角は右舷船首66°となるので，これを船のコンパス針路060°に加えて，L灯台の第2回目のコンパス方位を求めます。つまり，60°＋66°＝126°となります。

問16 船の速力を測定する方法を5つあげて説明しなさい。

答 〔速力測定法〕

船の速力測定法には，次のようなものがあります。
① ログ示度の差による法
 ログ示度の1時間分の差をとって対水速力を求めます。
② 距離の判っている2物標間を航走して求める法
 あらかじめ距離の判っている2物標間を航走し，航走時間でその距離を割って速力を求めます。
③ 流木試験による法
 船の船首尾線に直交する2本の見通し線を船首尾に設け，船首から木片を投下しこれが2本の見通し線間を流過する時間を測定します。速力は，木片の通過時間で見通し線間の距離を割って求めます。
④ 速力試験による法
 あらかじめ設置された速力試験標柱（マイルポスト）の間を定められた針路で1往復し，往航対地速力と復航対地速力を求めます。そして両者の平均値をとれば，対水速力を求めることができます。
⑤ 推進器の毎分回転数とピッチによる法
 推進器の毎分回転数に失脚率（スリップ）を修正して，1分間の有効回転数を求めます。これにピッチを掛けて60倍すれば，対水速力を求めることができます（m/hをノットの単位に改正するときは，これを1853メートルで割って求めます）。

(3) 方位改正及び針路改正

問 17 自差 5°E，偏差 3°W のとき，コンパス方位 120°の物標の真方位は，何度ですか。

答 〔真方位を求める計算〕

　　コンパス方位　120°
　　自差　　　　　　5°(＋　← E符は⊕
　　磁針方位　　　125°
　　偏差　　　　　　3°(－　← W符は⊖
　　真方位　　　　122°

【注意】
　　以上の計算を暗算で答えます。

問 18 自差 3°W，偏差 6°E のとき，真方位 200°の物標のコンパス方位は，何度に測ることになりますか。

答 〔コンパス方位を求める計算〕

　　真方位　　　　200°
　　偏差　　　　　　6°(－　← E符は⊖
　　磁針方位　　　194°
　　自差　　　　　　3°(＋　← W符は⊕
　　コンパス方位　197°

【注意】
　　以上の計算を暗算で答えます。

問 19 (1) ジャイロ誤差とは，何ですか。
　　　　(2) ジャイロ誤差⊕2°のとき，真方位 180°の物標のジャイロコンパス方位は，何度に測ることになりますか。

答 〔ジャイロ誤差について〕

(1) ジャイロ誤差（ジャイロエラー）とは，ジャイロ方位（360°式）に

加減（符号が⊕のとき加え，⊖のとき引く）して真方位を求める改正値をいいます。
(2) ジャイロ誤差⊕2°のとき，真方位180°の物標のジャイロ方位は178°に測ることになります。

> **問20** コンパス針路140°で航行している船舶の実航真針路は，何度になりますか。ただし，偏差5°W，自差3°E，この海域には北東の風による風圧差4°があるものとします。

答 〔風圧差を加味して実航真針路を求める計算〕

　　コンパス針路　　140°
　　自差　　　　　　3°(+　← E符は⊕
　　磁針路　　　　143°
　　偏差　　　　　　5°(−　← W符は⊖
　　真針路　　　　138°
　　風圧差　　　　　4°(+　← 実航針路は視針路の風下側
　　実航真針路　　142°

【注意】
　　以上の計算を暗算で答えます。

(4) 避険線の選定

> **問21** 真方位283°のコースライン上にある甲灯台を船首目標として航進中，甲灯台の真方位を280°に測定した。この場合，船位はコースラインの左右どちらに偏位していますか。

答 〔船首目標による避険法〕
　　コースラインの右側に偏位しています。

6 天文航法

(1) 天文用語

問1 太陽の赤緯が一番大きくなるのは，いつですか。

答 〔太陽の赤緯が一番大きくなる日〕
　太陽の赤緯が最大になるのは，太陽が黄道上の両至点に達したときです。つまり，夏至点と冬至点に至ったときで，前者は6月21日前後，後者は12月22日前後となっています。

問2 (1) 平時および視時とは，何ですか。
　　　 (2) 均時差とは，何ですか。

答 〔平時，視時および均時差〕
(1) ① 平時（M.T.）とは，平均太陽で測った時をいいます。
　　② 視時（A.T.）とは，視太陽で測った時をいいます。
(2) 均時差（E.T.）とは，平時に加（＋）減（－）して視時を求める改正値をいいます。均時差の符号が⊕符のときは，視時が平時より進み，⊖符のときは，視時が平時より遅れていることを示しています。

【参考】
　均時差（E.T.）の求め方
　均時差は，世界時に対する $E_☉$（イーサン）を天測暦から求め，求めた $E_☉$ から12時を差し引いて求めます〔E.T. ＝ $E_☉$ － 12h〕。従って，均時差の符号は，$E_☉$ ＞ 12時のとき⊕符，$E_☉$ ＜ 12時のとき⊖符となります。なお，視太陽と平均太陽は17分以上の赤経差がないので，均時差が17分以上になることはありません。

(2) 太陽子午線高度緯度法

問3 太陽子午線緯度法で測者の緯度を求める方法を説明しなさい。

答〔太陽子午線緯度法〕

太陽子午線高度緯度法は，太陽が測者の天の子午線に極上正中したときに，太陽の高度を観測して測者の緯度を求める算法です。つまり，正中時に太陽の高度を観測して，その観測高度に高度改正を施して視正午の太陽の真高度を求めます。一方，正中時の太陽の赤緯を，地方視時12時から起算して求めた世界時を引数として，天測暦から求めておきます。そして視正午の太陽の頂距（90°－真高度）に，太陽の赤緯を加減して，測者の緯度を求めます。

問4 太陽が測者の天の子午線に北面して正中したとき，その真高度が75°であった。そのときの，太陽の赤緯を20°Sとして，測者の緯度を求めなさい。

答〔正中時の太陽の真高度と赤緯を知って測者の緯度を求める計算〕

真高度（北面）	75°
	90°（～
頂距	15°
赤緯	20°（＋
緯度	35°S

【注意】
　上の計算を，頭の中に地平面図を描き，暗算して答えます。

問5 太陽子午線高度緯度法で緯度を測定するとき，九州の南端で太陽を北面して観測することがありますか。理由とともに答えなさい。

答〔九州の南端で太陽を北面することの有無〕

九州の最南端にある佐多岬の緯度がおよそ北緯31°です。また，太陽が最も北上したときの赤緯が23°26′Nです。従って，どの季節においても九州の最南端においては太陽の子午線高度を北面して観測することはありません。

(3) 北極星緯度法

> **問6** (1) 北極星の索星は，どのようにして行いますか。
> (2) 北極星緯度法により測者の緯度を求める方法を説明しなさい。

答〔北極星の索星および北極星緯度法〕
(1) 北極星の索星法としては，次の2つの方法が一般的です。
　① 水平線から測者の推測緯度を高度として夜空を見上げ，コンパスで北の空を探します。そこに小グマ座の尾の先端にある2等星が輝いています。それが北極星です。
　② 大グマ座のβ星からα星に至る直線を約5倍延長すると，そこに①と同様の北極星が輝いております。この場合のβ星とα星を，案内星（ポインター）といいます。
(2) 北極星緯度法は，次の手順で測者の緯度を測定します。
　① 薄明時を利用して北極星の高度を観測すると同時に，その時の世界時をクロノメータで測っておきます。
　② 測高度に高度改正を行って，北極星の真高度を求めます。また，観測時の世界時から北極星の観測当時の地方時角も算出しておきます。
　③ 求めた地方時角を引数として天測暦記載の北極星緯度表から改正値 T_1, T_2, T_3 をそれぞれ求め，これらを北極星の真高度に加減して観測時の測者の緯度を測定します。

(4) 太陽による船位の測定

> **問7** 太陽による船位の求め方を簡単に説明しなさい。

答〔太陽による船位の求め方〕
　天体中心と地球中心を結ぶ軸線が地球表面と交わる一点を，その天体の地位といいます。天体の高度を観測した時点における測者の位置の圏は，その天体の地位を中心に天体高度の余角を半径として地球表面に描いた円周となります。従って，太陽の高度を前後2回にわたって観測し，それぞれ太陽の地位を中心に高度の余角を半径として地球表面に円を描けば，

2個の位置の圏を得ます。後測時における船位は，前測時の位置の圏を転位して求めた円と後測時の位置の圏との交点となります。ただし，この場合には2個の交点ができますので，船位は，その2点の内で船の推測位置に近い方を採用して求めます。

7 電波航法

(1) レーダーによる船位の測定

問1 レーダーで船位を測定する場合，どのような物標を選べばよいですか。5つあげなさい。

答 〔レーダーで船位を測定する場合の物標選定〕
レーダースコープに映像がはっきり表示され，かつ，他の物標の映像との識別が容易な物標を選びます。
例えば，次のような物標が良いです。
① 岬の突端　② 防波堤の先端　③ 近くにある孤島　④ 崖海岸
⑤ レーダー反射器付き灯台

問2 レーダーで船位を測定する場合，物標の方位と距離はどのように観測すればよいですか。

答 〔レーダーで船位を測定する場合の方位と距離の観測法〕
(1) 物標のレーダー方位は，次の方法により観測します。
　① 感度，焦点，輝度等の各調整器を使って，物標の映像をできるだけ鮮明に表示します。
　② レンジスケールをできるだけ小さくして，映像をスコープの外周付近に保ちます。
　③ 点物標の方位は，映像の中心にカーソル線を合わせて測ります（方位拡大効果による誤差の消去）。
　④ 大形物標の外縁の方位は，映像の外縁より水平ビーム幅の 1/2 だけ映像の内側にカーソル線を合わせて測ります（方位拡大効果による誤差の消去）。
　⑤ 可能な限りノースアップ（真方位表示方式）にして方位を測ります。
　⑥ 視差を生じないように，目はスコープの中心の真上に保って方位目盛りを読み取ります。電子カーソルの場合はその必要はありません。
　⑦ 船体傾斜がなくなった瞬時に方位を測ります。

⑧ 映像がスコープの中心に近いときは，センターエクスパンドをかけて方位測定します。
⑨ 必要に応じて観測方位にジャイロ誤差または自差を修正します。
(2) 物標のレーダー距離は，次の方法で観測します。
① 感度，焦点，輝度等の各調整器を使って，物標の映像をできるだけ鮮明に表示します。
② レンジスケールをできるだけ小さくして，映像をスコープの外周付近に保ちます。
③ 可変距離マーカーを固定距離マーカーに重ねて，可変距離マーカーに誤差が生じていないことを確かめてから方位を測ります。（両者の数値に差異があれば，可変距離マーカーに誤差があります。）
④ 常に，映像の内端に可変距離マーカーを合わせて距離を測ります（距離拡大効果による誤差の消去）。

問3　レーダー方位とレーダー距離は，一般にどちらの方が精度が良いですか。

答〔レーダー方位とレーダー距離の精度の比較〕
　一般に，レーダー距離の方が，レーダー方位に比べて抜群に精度が良いです。
　その理由は，レーダー方位に含まれる誤差は数が多く，かつ，測り方を間違えると誤差量を増大させます。これに対して，レーダー距離に含まれる誤差はわずかで，かつ，注意して測定すれば消去できます。
【参考】
　レーダー方位に含まれる誤差には，① 映像の方位拡大効果による誤差　② 映像の調整不良による誤差　③ ヨーイング誤差　④ 船体傾斜に伴う誤差　⑤ 視差による誤差　⑥ レンジスケールを大きくすることによる誤差　⑦ 映像がスコープの中心に近いために生じる誤差などがあります。

問4　レーダーにより船位を測定する方法を，3つあげて説明しなさい。

答〔レーダーによる船位の測定法〕
　レーダーによる船位の測定法を，船位精度のよいものから順に説明しま

す。
① 2個以上の物標のレーダー距離による法
　　2個以上の物標のレーダー距離を同時に観測し，海図上でそれらの物標から観測距離を半径とする円を描きます。船位はそれらの円の交点で求めます。
② 1物標のレーダー方位とレーダー距離による法
　　1物標のレーダー方位とレーダー距離を同時に観測し，海図上で同物標を通る方位線と物標を中心に観測距離を半径とする円を描きます。船位は，これらの方位線と円の交点で求めます。
③ 2個以上の物標のレーダー方位による法
　　2個以上の物標のレーダー方位を同時に観測し，海図上で物標を通る方位線をそれぞれ描きます。船位は，これらの方位線の交点で求めます。
【参考】
　1物標の視認方位とレーダー距離により船位を測定する方法もあります。この方法だと精度の悪いレーダー方位を含まないので，最も精度の良い船位を得られます。しかし，船位測定に際して，2名の作業員を必要とする欠点があります。

(2) 衛星航法装置（GPS及びDGPS）による船位の測定

問5 GPSとは，何ですか。

答 〔GPSとは〕
　GPSとは，Global Positioning Systemの略です。直訳すれば，全地球的に位置を測定するシステムのことです。

問6 GPSの測位原理を，簡単に説明しなさい。

答 〔GPSの測位原理〕
　GPSの測位原理は，船から3個以上の衛星までの距離を同時に測り，衛星を中心に測定距離を半径とする球面をそれぞれ描き，それらの球面の交点で船位を求めます。

【参考】
　GPS は，赤道と 55°の傾斜を有する 6 軌道面の円周に，それぞれ 4 個ずつの衛星（Navstar Satellites）を運行させています。衛星の地表からの高度は，約 20,200km で，約半日で地球を 1 周しています。衛星の高度が高いので，地球上のいずれの地点からも常時 5 個以上の衛星を観測できます。

　個々の衛星は，測位と移動受信局の速度を観測できるように周波数の異なる 2 種類の電波（極超短波：1575.42MHz，1227.6MHz）を地上に向けて発射しています。受信局は，3 個以上の衛星からの電波を同時に受信すれば，それぞれの衛星までの距離（電波の飛来時間 × 光速）を測定できるので，衛星を中心に距離を半径として球面を描けば，それらの球面の交点が受信局の位置（理論上三次元測位）となります。

問 7　GPS で測定した位置を，海図に記入する場合，測地系に関してどのような注意をすればよいですか。

答　〔GPS で求めた位置を海図に記入する場合の測地系に関する注意事項〕
　GPS で測った位置は，世界測地系（WGS-84：World Geodetic System-1984 の略）で緯度，経度および高度が出力されています。従って，使用海図が世界測地系と異なる測地系で描かれている場合，GPS で測定した位置をそのまま使用海図に記入すると，緯度，経度に誤差が発生するので注意しなければなりません。

【参考】
　最近の新しい GPS 表示器は，測地系をいろいろ切り換えて測位できるようになっています。例えば，切り換え可能な測地系として，世界測地系（WGS-84，WGS-72），日本測地系（JPN），アメリカ測地系（USA），カナダ測地系（CND），ヨーロッパ測地系（EUR），オーストラリア測地系（AUT）およびイギリス測地系（GBT）等があります。従って，使用海図の測地系が GPS 表示器のものと異なるために発生する測位誤差の問題は，常に，GPS 表示器の測地系を使用海図の測地系に合わせて使用することで解決できます。なお，平成 14 年 4 月 1 日以降，日本の海図は，全て世界測地系（WGS-84）で描かれたものが発行されています。

問 8 GPSの表示器には，航海情報として，どのような事項が表示されますか。5つあげなさい。

答〔GPSの表示器に表示される航海情報〕
航海情報として，次のようなものが表示されます。
① 現在の位置（緯度，経度）
② 実航針路（対地進路）
③ 実速力（対地速度）
④ 目的地までの方位と距離
⑤ 予定の航路からの偏位量
⑥ 現在の世界時
⑦ 測地系

【参考】
現在の位置は，次の例のように，緯度および経度ともに1/1000′の精度で表示されます。
例：N35° 32.865′，E139° 50.874′

問 9 GPS表示器の衛星情報画面に表示されるDOP値は，何を表していますか。

答〔DOP値の意味〕
DOP値は，GPSで測った位置の精度を表す数値で，この数字が小さいほど（1～4までは信頼できる範囲）測位精度が良いことを示しています。

【参考】
DOPは，Dilution Of Precisionの略で，GPSで求めた測位精度を表すものですが，もともと受信衛星の混み具合を表す数字です。複数の測位衛星が一個所に集まって混み合うと，DOP値は大きくなり，衛星から求めた位置の線の交角が悪くなって測位精度が低下します。逆に，測位衛星が散らばっていると，DOP値は小さくなり，衛星から求めた位置の線の交角がよくなって測位精度が向上します。なお，DOPには，HDOP（Horizontal DOPの略）とVDOP（Vertical DOPの略）の2種類があります。HDOPは，2次元測位（水平方向）における測位精度の低下率を表し，VDOPは，垂

直方向に対する測位精度の低下率を表します。海面に浮いている船舶の測位精度を判断するDOP値は，前者となります。

問 10 (1) DGPSとは，何ですか。
(2) DGPSで求めた測位誤差の最大値は，通常，何メートルですか。

答 〔DGPSの意義およびこのシステムで求めた位置の最大誤差〕
(1) DGPSとは，Differential Global Positioning Systemの略で，正確な位置がわかっている基準地点において，GPS測位位置に含まれる誤差情報を測定し，これをディファレンシャル補正値として，DGPS局から付近のGPS受信機に送り込み，GPS測位位置を補正して，より精度のよい測位ができるシステムです。
(2) DGPSで求めた測位誤差は，通常，5メートルとされています。

【参考】
　2015年9月現在，わが国では，海上保安庁が日本の沿岸に27局のDGPS局（既存の無指向性式無線標識局を利用している）を配置して，そこからディファレンシャル補正値を発信しています。DGPS局の海上における有効距離は，局から約200km以内ですので，各局の間隔は，約400kmの距離をおいて，宗谷岬から宮古島にいたるまで配置されています。なお，このシステムの総合管理をする海上保安庁DGPSセンター1局は，東京・霞が関に設置されています。

8 航海計画

(1) 特殊水域における航海計画

問1 狭水道の通航計画を立てる場合，その航行水域のどのような事項について，あらかじめ調査しますか。5つ答えなさい。

答〔通狭計画を立てる場合の航行水域に関する調査事項〕
　次の事項について，あらかじめ調査します。
① 沿岸地形
② 水深分布
③ 水路幅
④ 干出岩等の危険物の存在の有無
⑤ 航路標識の配置

【参考】
　上記のほか，次の事項についても調査します。
① 船舶交通量
② 視界の良否
③ 海潮流の流向，流速
④ 潮時と潮高
⑤ 日出没時
⑥ 航法規定

問2 狭視界航行が予想される場合には，船位を測定する手段について，どのような準備をしておきますか。

答〔狭視界航行が予想される場合の船位測定手段の準備〕
① レーダーの電源スイッチをオンからスタンバイにして，何時でも使用できる状態にしておきます。
② GPS表示器，ロランC受信機および音響測深機は，それぞれ作動状態を点検して，何時でも使用できるように整備しておきます。なお，音響測深機による連続測深が予想される海域では，できる限り大尺度の海

図を用意しておきます。

Part 2 運 用

1 船舶の構造，設備，復原性及び損傷制御

(1) 船舶の主要な構造部材に関する一般的な知識及び船舶の各部分の名称

問1 船の船首形状の種類を4つあげなさい。

答 〔船首形状の種類〕

船の船首形状には，次の4つの種類があります。
① 直立船首　② 傾斜船首　③ 球状船首　④ ファッションプレート型船首

【参考】

上記のほか，帆船に多く見られるクリッパー型船首もあります。なお，球状船首は，船首材の下部に球状部（バルバス）を有し，これが船首部における造波抵抗を少なくして船速を増す働きをします。

問2 船首材と船尾骨材の役目をそれぞれ述べなさい。

答 〔船首材と船尾骨材の役目〕

船首材は，キールの前端に配置される部材で，次の役目をしています。
① 強い波の衝撃に対して船首部の局部強度を保っています。
② 両舷の外板の末端を船首材に溶接することにより，船首部の形状を良くしています
③ 船尾骨材は，キールの後端に配置される部材で，次の役目をしています。
④ 追い波の衝撃や推進器の振動に対して船尾部の局部強度を保っています。
⑤ 舵と推進器を直接支えています。
⑥ 両舷の外板の末端を船尾骨材にまとめて溶接することで，船尾部の形状を良くしています。

問3 (1) 船体を構成する主要部材の名称をあげなさい。
(2) 船体の縦強度を保っている部材は，どれですか。

答 〔船体を構成する主要部材の名称と縦強度材の例〕
(1) 主要部材には，次のものがあります。
① 船首材　② 船尾骨材　③ キール　④ フレーム　⑤ ビーム　⑥ 外板
⑦ 甲板　⑧ ビルジキール
(2) 以上のうち，船体の縦強度を保っている部材は，キール，外板および甲板の3つです。

問4 (1) 外板はどのような役目をしますか。
(2) 外板は，その配置された場所によってどのような名称がつけられていますか。

答 〔外板について〕
(1) 外板は，フレームの周囲に張られて船殻（Hull）を形成し，船体の縦横強度を保つほか，船体を水密に保ち，船に浮力を与える役目をしています。
(2) 配置による外板の名称には，次のものがあります。
① 船底外板　② ビルジ外板　③ 船側外板　④ 舷側厚板（シャーストレーキ）　⑤ 船楼外板

【参考】
その他，配置による外板の名称には，A外板，B外板などと呼ばれるものもあります。

問5 鋼船の強力甲板とは，どのような甲板をいいますか。

答 〔強力甲板とは〕
強力甲板とは，船体の強度を保つうえで主力となっている最上層の甲板をいいます。通常の船では，上甲板が強力甲板となっていますが，船楼の長さが船の長さの15パーセント以上となる船楼を有する船では，その船楼甲板が強力甲板となります。

1 船舶の構造，設備，復原性及び損傷制御 73

問6 ビルジキールの配置と役目について述べなさい。

答 〔ビルジキールの配置と役目〕
　ビルジキールは，船体の横揺れの軽減を効果的に発揮できる船体中央のビルジ外板に，船の長さの 1/3 から 3/5 にわたって取り付けられ，船体の横揺れを軽減しています。

【参考】
　ビルジキールは，船の横揺れを軽減するためにビルジ外板へ軽く溶接されている部材です。軽く溶接されている理由は，ビルジキールが障害物に接触したときに，溶接部から簡単に脱落し，損害が船体に及ばないようにするためです。したがって，ビルジキールは従強度材にならないので注意しましょう。

問7　(1)　舵をその形状によって分類すると，どのような種類がありますか。
　　　(2)　それらの舵はどのような利点と欠点があるのですか。

答　〔形状による舵の種類とその利点，欠点〕
(1)　舵を形状によって分類すると，次の種類があります。
　① 不つり合い舵（アンバランストラダー）
　② つり合い舵（バランストラダー）
　③ 半つり合い舵（セミバランストラダー）
(2)　各舵の利点と欠点は，次のようになります。
　① 不つり合い舵
　　＜利点＞
　　　(a)　構造が簡単で丈夫です。
　　　(b)　船尾骨材との連結が容易です。
　　＜欠点＞
　　　(a)　大きな操舵力を要します。
　　　(b)　舵効きが悪く，転舵時の減速効果が大きいです。
　② つり合い舵
　　＜利点＞
　　　(a)　操舵力が小さくて，舵効きが良いです。

(b) 転舵時の減速効果が小さいです。
　＜欠点＞
　　　(a) 構造が複雑で，内部腐食が起こりやすいです。
　　　(b) 船尾骨材との連結が困難となります。
③ 半つり合い舵の場合
　＜利点＞
　　　(a) 不つり合い舵に比べると，操舵力が小さくて，舵効きが良いです。
　　　(b) つり合い舵に比べると，船尾骨材との連結が容易です。

問8 碁石の役目を述べなさい。

答 〔碁石の役目〕
　碁石（ヒールディスク）は，最下ツボ金の中にあって，次のような役目をしています。
① 舵の重量を受け持って，舵全体を下から支えています。
② 舵の回転中心を保って，左右の舵効に差を生じないようにしています。

(2) 船体要目

問9 (1) 船のトン数の種類をあげなさい。
　　　(2) 載貨重量トン数とは，どのようなトン数で，どのようなときに利用されるか説明しなさい。

答 〔トン数の種類と載貨重量トン数について〕
　(1) 船のトン数には，次のようなものがあります。
　　① 総トン数
　　② 純トン数
　　③ 排水トン数
　　④ 載貨重量トン数（デッドウエイトトンネージ）
　　⑤ 載貨容積トン数

【参考】
　　上記のほか，条約の規定により，主に国際航海に従事する船舶の大きさを表す指標として用いられる国際総トン数があります。
(2)　載貨重量トン数は，満載排水トン数から軽荷排水トン数を差し引いて求めたトン数です。したがって，このトン数はその船に積載することができるだいたいの貨物の総重量を表すもので，重量貨物の集荷量や傭船料を決定するときに利用されます。

問10 (1)　総トン数とは，何ですか。
　　　　(2)　純トン数とは，どのようなトン数ですか。

答〔総トン数・純トン数〕
(1)　総トン数とは，船の大きさを表すトン数で，船体の囲閉された部分の総内法（うちのり）容積を1000/353立方メートル（100立方フィート）を単位として測ったトン数をいいます。
(2)　純トン数とは，船のなかで商用に供する部屋（貨物倉および旅客室）の総容積を表すトン数で，1000/353立方メートル（100立方フィート）を単位として測ったトン数をいいます。

問11 (1)　船の長さの種類には，どのようなものがありますか。
　　　　(2)　そのうち，操船中に特に注意しなければならない船の長さはどれですか。

答〔船の長さの種類および操船中に特に注意すべき船の長さ〕
(1)　船の長さの種類には，次のようなものがあります。
　　① 全長　② 垂線間長　③ 登録の長さ　④ 水線長
(2)　操船中に特に注意しなければならない船の長さは，船の最前端から最後端までの長さである全長です。

(3) 主要設備の取扱い及び保存手入れ

問 12 (1) 舵角制限装置は，どのような目的で取り付けますか。
(2) また，それはどこに取り付けられますか。

答〔舵角制限装置について〕
(1) 舵角制限装置は，舵が最大有効舵角（舵角 33°～35°）を超えて取られるのを防止するための装置です。
(2) 設置場所は，舵輪台の内部，操舵機室の甲板，あるいは舵柱材，舵腕などに取り付けられています。

【参考】
舵を最大有効舵角以上に取ると，舵効が悪くなるほか，船速を著しく低下させる不利を生じます。舵角制限装置は，その不利を防止するための一種の舵のストッパーです。

問 13 コントローラー（制鎖器）は，どのような役目をするのですか。

答〔コントローラーの役目〕
コントローラーは，揚投錨の時や錨泊している時を通じ，次のような役目を果たしています。
① 揚錨の際，錨鎖の撚りを戻して，錨鎖を整えます。
② 投錨の際には，錨鎖の送出を滑らかに調整します。
③ 錨泊中は，コントローラーのレバー（ストッパー）により，錨鎖の張力が直接ケーブルホルダーに掛かるのを防止し，ウインドラスを保護しています。

(4) 主要属具の取扱い及び保存手入れ

問 14 (1) 錨をその構造から分類するとどのようなものがありますか。
(2) それぞれの錨の利点と欠点を2つずつあげなさい。

① 船舶の構造，設備，復原性及び損傷制御　77

答　〔構造上の錨の種類〕
(1) 錨をその構造で分類すると
　① ストックアンカー（有かん錨）
　② ストックレスアンカー（無かん錨）
の2種類があります。
(2) 利点と欠点
　① ストックアンカー
　　＜利点＞
　　　(a) 錨の把注力が大きいです。
　　　(b) そのため，錨泊中の錨鎖の伸出量が短くてすみます。
　　＜欠点＞
　　　(a) ストックのため揚投錨時の作業が困難となります。
　　　(b) 錨泊中に錨鎖が錨に絡んだり，錨のフリュークが船底を損傷させることがあります。
　② ストックレスアンカー
　　＜利点＞
　　　(a) 錨の揚投錨作業が容易で，かつ短時間でできます。
　　　(b) 絡錨が起こり難いほか，錨泊中に錨で船底を傷付けることが少なくなります。
　　＜欠点＞
　　　(a) 錨の把駐力が小さいです。
　　　(b) 錨泊中の錨鎖の伸出量が長くなるため，広い錨地を必要とします。

問 15　錨鎖の第3節を表すマークは，どのように付けますか。

答　〔節数マークの付け方〕
　第3節のマークは，第3節と第4節を連結するジョイニングシャックルから前後に数えて第3番目のスタッドリンクのスタッドに，それぞれシージングワイヤーを巻き，そのリンク全体に白色ペイントを塗っておきます。

(5) 入出渠及び入渠中の作業及び注意，船体の点検及び手入れ並びに塗料に関する一般的な知識

問 16 船舶が入渠して工事または作業を行っているとき，一般に注意すべき事項を述べなさい。

答 〔入渠中の一般的注意事項〕
次の事項に注意して，船の内外の保安に努めます。
① 船内への人の出入りが多くなるので，定期的に船内を巡視して，盗難事故や火災の予防に注意します。
② 作業場の足場の整理や夜間の照明に留意し，作業能率の向上を図るほか，作業員の転倒事故等の防止に努めます。
③ 人の転落事故を防止するため，倉口にはロープを張り，また，ドックと船舶間に渡したギャングウエイの状況などの点検もします。
④ 船体の傾斜に影響する重量物の船内移動は禁止し，船体の転倒事故を防止します。
⑤ 賄室や便所の使用を禁止し，船舶から渠床へ汚水などを排出しないようにします。
⑥ 作業または作業の進捗状況を点検し，手抜き工事や未工事を起こさないように注意します。

問 17 鋼船の入渠時における外板の保存手入れは，どのように行いますか。

答 〔入渠中の鋼船の外板の保存手入れ〕
一般に，次の手順で保存手入れを行います。
① ドックの水を排水中に船底外板に放水したり，竹ぼうきをかけて付着した海草等を洗い落として，ボットムクリーニングを開始します。
② 腐食部分はスクレーパーなどでさびを落とし，表面をならし，よく乾燥させてから1号，2号および3号船底ペイントをそれぞれ所定の箇所に塗装していきます。
③ 外板で損傷や腐食の著しいところは二重張りしたり，その部分の切替えまたは外板の新替えなどを行って修理します。

④ 船尾部外板や舵板に取り付けた亜鉛板は，その腐食状況を見て新替えまたは配置替えします。
⑤ 水線より上部の外舷は，腐食部分のさびを落とし，光明丹および外舷ペイントの順でオールペインティングします。
⑥ 船首尾の喫水標や船名などは新しく塗り替えておきます。

問 18　鋼船の船尾部外板に取り付けられている亜鉛板（ジンクプレート）は，どのような役目をしていますか。

答　〔亜鉛板の役目〕
　船尾部の鋼材に取り付けられた亜鉛板（ジンクプレート）は，推進器との関連で起こる電食作用による船尾部の外板や舵板の電食を防止しています。

【参考】
　イオン化傾向の異なる異種金属を一緒にして海水中で通電させると，電食作用を起こしてイオン化傾向の大きい方の金属が電食されます。鋼船では青銅合金でできた推進器と付近の鋼材でできた外板や舵板が電食作用を起こして，イオン化傾向の大きい方の外板や舵板が電食されます。亜鉛板は，鋼材よりイオン化傾向の大きい金属なので，これを推進器の近くにある外板や舵板に密着させておくと，亜鉛板が電食されている間外板や舵板の電食を防止します。

問 19　入渠時の錨鎖の点検手入れは，どのように行いますか。

答　〔入渠時の錨鎖の点検手入れ法〕
　入渠時の錨鎖の点検と手入れは，一般に次の手順で行います。
① ドックの排水が終わると同時に，全節渠床に巻き出して，全てのジョイニングシャックルを取り外します。
② シャックルとリンクは，泥を落として清掃し，ワイヤーブラシでさびをとり，タールを塗って防錆処置をします。
③ また，シャックルとリンクについては，1個ずつテストハンマーでたたいていき，亀裂，スタッドのゆるみ，変形の有無を点検するほか，摩耗，損耗の状況も調べていきます。その後必要なものは修理や新替えし

て手入れをします。なお、リンクの径が原型の1割以上摩耗したものは、船舶設備規程によりその節1節を新替えしなければなりません。

④　手入れを終えた錨鎖は、末端と内端の錨鎖を振り替えて連結し、節数マークを塗り替えて錨鎖庫に収めます。

問20　(1)　錨鎖は、ジョイニングシャックルを中心にして、どのようなリンクで連結されていますか。

(2)　リンクにはスタッドのあるものとないものが使用されていますが、なぜですか。

答　〔錨鎖のリンクおよびスタッドについて〕

(1)　ジョイニングシャックルの両端にエンドリンク、さらにエンドリンクの隣にエンラージドリンク、その外側にコモンリンクを配置して錨鎖は連結されています。

(2)　エンドリンクにスタッドがないのは、ジョイニングシャックルの連結を容易にするためです。エンラージドリンクおよびコモンリンクのスタッドは、リンクの強度を増し、リンクの変形を防止するほか、錨鎖の絡みを防止する効果があります。

問21　船底ペイントの種類をあげ、それらの効用について述べなさい。

答　〔船底ペイントの種類と効用〕

船底ペイントには、次の①から③の3種類があります。

①　1号船底ペイント（A/Cペイント）

これは船底外板に直接下塗りされるペイントで、船底外板の発錆を防止する効用があります。つまり、防錆ペイントです。

②　2号船底ペイント（A/Fペイント）

これは軽荷喫水線下の船底外板に1号の上塗りとして塗装されるペイントで、外板に海草や貝類が付着して船底が汚損されるのを防止する効用があります。いわゆる防汚ペイントです。

③　3号船底ペイント（B/Tペイント）

これは水線部外板へ1号の上塗りとして塗装されるペイントで、水線部外板の発錆や汚損を防止する効用があります。つまり、水線部外板の

防錆と防汚の効果を兼ねたペイントです。

問22 鋼船における水線部外板の日常の手入れは，どのように行いますか。

答 〔鋼船の水線部外板の日常の手入れ法〕
　水船部外板の日常の手入れは，空船時を利用するか，または船体を傾けて行います。汚損箇所は，付着した海草や貝殻をスクレイパー等で掻き落として清掃します。外板の腐食箇所は古い塗膜と錆を落とし，1号船底ペイントを2回下塗りし，乾燥後，3号船底ペイントで1回上塗りして補修塗りします。

(6) 復原性及びトリムに関する理論及び要素

問23 (1) 復原力とは，何ですか。
　　　　(2) 復原力の大小はどのようにして判断しますか。

答 〔復原力について〕
(1) 復原力とは，船体が外力を受けて傾斜したとき，その傾斜を抑制し，またはそれを戻す偶力のモーメント（排水量×復原てこ〔t-m〕）をいいます。
(2) 復原力の大小を判断する方法には，次のようなものがあります。
　① 船体の横揺れ周期による法
　　停泊中は船体を左右に動揺させて，航行中は長時間にわたってローリングを観測して，船体の横揺れ周期を測定します。この周期が短いときは復原力は強く，長いときは弱いものと判断します。
　② 船体の状態から判断する法
　　停泊中の船舶が船内重量物の移動で大きく傾斜したり，航行中の船がわずかな転舵で大きく傾斜するようであれば，復原力は弱いものと判断します。
【参考】
　その他，GM計算や復原力曲線図などを使用して復原力を判断する方法もあります。

問24 GMとは，何ですか。また，GMと船の復原力との間には，どのような関係がありますか。

答〔GMの意義およびGMと復原力との関係〕
　船体重心Gから測った横メタセンター（傾心）Mまでの高さをGMといいます。船体の傾斜角が15°以下の場合，GMと復原力は正比例の関係にあります。つまり，GMが大きいときには復原力は強く，GMが小さいときには復原力は弱くなります。
【参考】
$S = W \times GM \times \sin\theta$ (t-m)
ただし，θは15°以下とします。

問25 (1) 自由水とは，何ですか。
　　　　(2) 自由水は，船の復原性にどのような影響を及ぼしますか。

答〔自由水の意義および自由水が復原力に及ぼす影響〕
(1) 自由水とは，タンク内に自由表面が現れた液体のことをいいます。
(2) タンク内に自由水ができると，船の見かけ重心が上昇して，復原力を減少させます。これを自由水の影響といいます。
【参考】
　自由水の影響を少なくする方法
　　複数の二重底タンクに，同時に多くの自由水が発生すると，船の復原力を著しく減少させて危険です。したがって，
① 航海中の燃料や清水の消費は計画的に行い，できるだけ複数のタンクに自由水を発生させないようにします。
② やむを得ずタンクに自由水ができたときは，液体を他のタンクに移動させて，2つのタンクを空と満タンに調整します。

問26 (1) トップヘビーおよびボトムヘビーとは，それぞれどのような状態をいうのですか。
　　　　(2) トップヘビーで航行するとどのような危険を伴いますか。

答〔トップヘビーとボトムヘビーについて〕
(1) 安定のつり合い状態において，船体重心の位置が高いため復原力が過小となった状態をトップヘビーといいます。ボトムヘビーとは，逆に船体重心の位置が低いため復原力が過大となった状態をいいます。
(2) トップヘビーで航行すると，復原力が小さいために突風や横波を受けて荷崩れ・転覆したり，大舵をとったときに船体が大傾斜して荷崩れ・転覆する危険があります。

問 27 ボトムヘビーで航行すると，どのような不利または危険を生じますか。

答〔ボトムヘビーの不利または危険性〕
① 荒天航行中，船体の横揺れが激しくなり，大量の貨物が荷崩れして，船を転覆させることがあります。
② 荒天海面で横揺れが激しくなり，重量貨物が移動して外板を破損し，浸水事故を起こすことがあります。
③ 航海計器が故障し，乗組員が船酔いを起こします。

問 28 (1) 乾舷とは，何ですか。
(2) 乾舷を保つことの重要性について述べなさい。

答〔乾舷について〕
(1) 乾舷とは，船体中央において甲板線から測った各満載喫水線までの垂直距離をいいます。
(2) 乾舷を保つことの重要性は，次に述べる①から③にあります。
　　乾舷を十分に保つことにより，
① 航海中の上甲板への海水の浸水を防止します。
② 船に十分な予備浮力を残して，船の沈没を防止します。
③ 船の復原力範囲を広げて，船の転覆事故を防止します。

問 29　(1)　トリムとは，何ですか。
　　　 (2)　一般の航海に適するトリムの種類をあげ，その理由を説明しなさい。

答　〔トリムについて〕
(1)　トリムとは，船首喫水と船尾喫水の差をいいます。
(2)　一般航海に最適のトリムは，船の長さの2.5パーセント以下の船尾トリムです。
　　その理由は，次の点にあります。
　① 凌波性が良く，推進効率が良いので速力が出ます。
　② 舵板は水中に十分没して舵効が良く，船の保針性も良くなります。

【参考】
　極度な船尾トリムは，船首が著しく風落ちして操縦性を失う危険を生じたり，荒天中はスラミングで船首船底部が破壊される危険が発生します。したがって，極度な船尾トリムで航海するのは危険を伴います。

(7) トリム及び復原性を安全に保つための措置

問 30　(1)　船舶の船首尾喫水の読み方を説明しなさい。
　　　 (2)　波浪で海面が上下するときの喫水は，どのようにして読み取りますか。

答　〔船首尾喫水の読み方〕
(1)　喫水標は，その数字の下端における喫水を10 cmの大きさのアラビア数字で表し，数字の間隔は20 cmの等間隔で標示しています。したがって，水線が数字の下端に一致しているときの喫水は，その数字で読み取り，数字の上端に一致しているときの喫水はその数字に10 cmを加えて読み取ります。
(2)　波浪で海面が上下するときの喫水は，最大喫水と最小喫水を読み取った後，それらの平均値を採用します。

> **問31** 航行中に復原力が減少する原因（場合）をあげなさい。

答　〔航行中に復原力が減少する原因〕
　　次の原因（場合）で復原力が減少します。
　① 二重底タンクからの燃料や清水の消費
　② 上甲板への海水の浸入およびその排水不良
　③ 甲板貨物の吸湿
　④ 船体動揺に伴う荷崩れ
　⑤ 寒冷地方で生じる甲板構造物への着氷
　⑥ 旅客の上方集中

2 当直

(1) 運輸省告示に示す甲板部における航海当直基準に関する事項及び航海日誌

問1 (1) 航海当直中に当直航海士が船長に報告しなければならない事項をあげなさい。
(2) その報告は、どのような方法で行いますか。

答 〔当直航海士の船長への報告について〕
(1) 報告事項には次のようなものがあります。
  ① 変針点への接近、変針および変針結果
  ② 著名物標の初認又は航過
  ③ 視界の変化
  ④ 狭水道、港内、その他危険海域への接近
  ⑤ 他船または陸上からの信号の受信
  ⑥ 密集漁船、危険漂流物等の発見
  ⑦ 異常な気象、海象、地象の変化
  ⑧ 船位や航行に関する不安や疑問
  ⑨ 航海計器類の異常や故障
  ⑩ その他船舶の航行に関する重要事項
(2) 報告の方法はメモ用紙に報告内容をメモし、日時および航海士のサインを記したうえ、操舵手に持たせて行わせます。場合によっては、電話や伝声管により直接船長に報告します。

問2 船用航海日誌（ログブック）には、どのようなことを記載しますか。

答 〔船用航海日誌への記載事項〕
　左ページには、航程、針路、自差、風向、風力、気圧、水温など、毎正時に記入する定められた事項があります。右ページには航海に関する重要事項を記載していく記事欄があります。記事欄には、主として次のような事項を記録します。

① 発着港名と発着時刻
② 機関の使用状況
③ 針路の変更時刻と変針針路およびそのときのログ示度
④ 著名物標の初認方位と距離およびその時刻とログ示度
⑤ 4時間ごとの気象および海象
⑥ 船内作業の概要
⑦ 海難事故の状況（発生時刻，場所，事実の顚末など詳細に記録）
⑧ その他航海に関する重要事項

【参考】
　船用航海日誌は，船の航海中および停泊中の状況を記録したもので，後日の証拠書類となることもありますので正確に記入しなければなりません。

③ 気象及び海象

(1) 気象要素

問1 (1) 湿度とは，何ですか。
(2) 相対湿度はどのように表しますか。

答 〔湿度および相対湿度〕
(1) 湿度とは，大気中に含まれている水蒸気の含有割合をいいます。
(2) 相対湿度は，次の式で表します。
　相対湿度＝（大気中の水蒸気圧÷その気温における飽和水蒸気圧）×100〔％〕

(2) 各種天気系の特徴

問2 (1) 移動性高気圧が多く現れる季節は，いつですか。
(2) そのときの日本の天気の特徴を述べなさい。

答 〔移動性高気圧〕
(1) 移動性高気圧は，四季を通じて到来しますが，特に多いのは春秋季です。
(2) そのときの日本の天気には，次のような特徴があります。
① 移動性高気圧が日本列島を覆っている間は，昼間は，気温が上昇して小春日和といわれる好天になります。夜間は，放射冷却が大きいため冷え込み，早朝に露，霜および放射霧がよく発生します。
② 移動性高気圧の中心が日本の東方海上へ去ると，西から気圧の谷が接近してきて，間もなく天気がくずれます。したがって，春秋季の天気は長続きせず，くずれやすいのが特徴です。

問3 (1) 寒冷高気圧とは，どのような高気圧ですか。
(2) 日本付近に発生する寒冷高気圧の例を2つあげ，それらが日本の天気に及ぼす影響を述べなさい。

答 〔寒冷高気圧について〕
(1) 寒冷高気圧とは，地表の冷却で大気が下層から冷やされて空気が重くなり堆積により生じた高気圧です。この高気圧は，気圧の高い部分が地上 4～5 km 程度の狭い範囲に限定されるため，背の低い高気圧ともいわれています。
(2) 日本付近の寒冷高気圧には，シベリア高気圧とオホーツク海高気圧の 2 例があります。
　① シベリア高気圧は，日本の天気に次のような影響を及ぼします。
　　(a) 冬季，この高気圧から寒冷な北から北西の季節風が強く吹き出して，日本付近は寒くなるほか，裏日本側（日本海側）に雪，雨または曇り，表日本側（太平洋側）に晴れて空気の乾燥した天気をもたらします。
　　(b) 冬季，温帯低気圧が日本の東方海上へ去った後，この高気圧から吹き出す季節風は強烈で，このため日本近海は 2～3 日大時化が続くことになります。この風を大西風といいます。
　② オホーツク海高気圧は，日本の天気に次のような影響を及ぼします。
　　(a) 6 月上旬から 7 月中旬の約 40 日間，この高気圧と小笠原高気圧の間に梅雨前線を形成し日本列島に梅雨をもたらします。
　　(b) 梅雨期にオホーツク海高気圧の勢力が強くなると，梅雨前線は一時南下して，日本は梅雨の中休みとなります。これが長く続くと，北海道や東北地方では初夏になっても気温が上がらず，冷害が発生します。

問 4 (1) 温暖高気圧とは，どのような高気圧ですか。
　　(2) 日本付近に発生する温暖高気圧の例を 2 つあげなさい。

答 〔温暖高気圧について〕
(1) 温暖高気圧とは地表から上空に達する広い範囲で気温が高く，かつ，周囲より気圧が高くなっている高気圧をいいます。この高気圧は上層まで気圧が高いため，背の高い高気圧ともいわれています。
(2) 日本付近に発生する温暖高気圧には，次のものがあります。
　① 小笠原高気圧
　② 移動性高気圧

【参考】
　温暖高気圧が上層まで気温，気圧とも高い原因は，この高気圧が大規模な大気の循環により発生する高気圧であるためです。地球をとりまく大気は，赤道と極の温度差を少なくするため大循環を起こします。赤道付近の大気は加熱され，上昇気流となって成層圏に達してから2分して北半球と南半球に向かいます。温暖高気圧は，地上1万メートルの高さから降下してくる大規模な下降気流の中で発生したものです。

問5　低気圧圏内では，なぜ天気が悪いのですか。

答　〔低気圧圏内の天気〕
　次の原因で天気が悪くなります。
① 低気圧の中心部や前線の付近では，上昇気流が存在し，そこで大気が断熱膨張して雲が発生し，降水が起こります。
② 中心部の上昇気流を補うため，低気圧では周囲から強い風が中心に向って吹き込んでいます。

問6　温帯低気圧に伴う寒冷前線が通過する前後の気象変化を述べなさい。

答　〔温帯低気圧に伴う寒冷前線の通過前後の気象変化〕
① 気圧：通過前に変化せず，通過中に一時急下降し，通過後に上昇します。
② 気温：通過前に高く，通過後に低くなります。
③ 風：通過前に南東風，通過中に突風が吹き，通過後に北西風に急変し，風の息が強くなるが，やがておさまってきます。
④ 降雨：接近通過中ににわか雨や雷雨となり通過後に急に止みます。
⑤ 雲：通過前に積雲や積乱雲が現れ，通過後に消えていきます。
⑥ 視程：一般に，通過前に悪く，通過後に良くなります。
⑦ 湿度：一般に，通過前に高く，通過後に低くなります。

問7　(1)　春一番とは，何ですか。
　　　　(2)　これが吹くときには，低気圧はどこにありますか。

[答] 〔春一番〕
 (1) 一般に、春一番とは、季節が冬から春へ移行する頃、南寄りの暖気突風を伴う春先一番に到来する時化のことをいいます。
 (2) 春一番が日本列島を襲うときは、必ず北太平洋に高気圧があって、発達した低気圧が日本海を高速で北東進しています。

[問]8 (1) バイスバロットの法則とは、何ですか。
    (2) その法則を用いて、北半球の台風圏内で北東風を受けている船の台風中心方向を求めなさい。

[答] 〔バイスバロットの法則および台風の中心方向〕
 (1) 北半球において「台風圏内で吹く風を背中に受けて左手を真横にあげると、台風の中心はその手の約2点前方にある」というのがバイスバロットの法則です。
 (2) 北東風を背に受けて左手を真横にあげるとその方向は南東です。台風中心はその手の約2点前方ですから南南東の方向にあります。

[問]9 (1) 前線とは、何ですか。
    (2) 前線にはどのような種類がありますか。

[答] 〔前線について〕
 (1) 前線面が地表を横切ってできる線を「前線」といいます。
 (2) 前線には、次の4種類があります。
   ① 温暖前線　② 寒冷前線　③ 停滞前線　④ 閉塞前線

[問]10 (1) 停滞前線の天気図記号を示しなさい。
     (2) この前線付近の天気はどうなっていますか。

[答] 〔停滞前線について〕
 (1) 停滞前線の天気図記号は、▼●▼● の記号を用います（または、色鉛筆で描くときは、赤と青の波線を用います）。
 (2) 停滞前線の付近における天気は、温暖前線のそれと全く同じですが、

ほとんど移動しないのが特徴です。つまり，停滞前線の北側では，地雨性の雨が降り続き，前線霧が発生し，気温が低く，ぐずついた天気となっています。

問 11 6，7月には，日本付近に降る雨の量が多くなりますが，それはなぜですか。

答 6，7月は，オホーツク海高気圧と小笠原高気圧の勢力が伯仲して両者の間に停滞前線を生じ，これが日本列島上空に停滞するため雨が降り続くことになります。また，このころ大陸に発生した温帯低気圧が，次々と梅雨前線上を東進して来て，これが前方のオホーツク海高気圧でブロッキングされるため停滞し，低気圧からも長く雨が降り続くことになります。

問 12 (1) 天気図で気圧の谷といわれるのは，どのようなところですか。
(2) 気圧の谷が近づくと，一般に天気はどうなりますか。

答 〔気圧の谷について〕
(1) 気圧の谷（トラフ）とは，2つの高気圧に挟まれてできる帯状の気圧の低い部分をいいます。
(2) 気圧の谷が接近すると，一般に天気は悪くなります。

問 13 (1) 霧の種類を4つあげなさい。
(2) 移流霧は，日本のどの付近に，いつ頃多く発生しますか。

答 〔霧の種類と移流霧の発生〕
(1) 霧の種類には，次のようなものがあります。
　① 移流霧
　② 放射霧（輻射霧）
　③ 前線霧
　④ 蒸気霧
(2) 日本近海で移流霧のよく発生する海域は，三陸沖から北海道南東沖の親潮流域の海上およびシベリア沿岸に沿ったリマン海流域です。これら

の海域の移流霧は，夏季の温暖多湿な季節風が寒流域で冷却されて発生したもので，日本海では4月から8月にかけて，三陸沖では4月から9月にかけてよく発生します。特に多いのは，両海域とも6月，7月です。

問14 (1) 突風とは何ですか。
(2) 突風が吹く前兆を2つあげなさい。

答 〔突風について〕
(1) 突風とは，突然吹いてくる強風をいいます。短時間で風速が15 m/s以上に達するものが多いようです。しかし，突風は長い時間吹き続くことはありません。
(2) 次のような場合によく突風が吹きます。
① 南西風の吹く暖かい日に，西方海上に突然発達した積乱雲が現れた。
② 西方海上でしきりに稲光が発生し，雷鳴が大きくなってきた。
③ 夏のあつい日の午後，発達した積乱雲の下で強い雨が降り始めた。
④ 無線に空電がしきりに入る。

問15 (1) 天気図型とは，何ですか。
(2) 夏季に多く現れる日本付近の天気図型をあげ，そのときの日本の天気の特徴を述べなさい。

答 〔天気図型について〕
(1) 天気図型とは，季節に応じて現れる持続性のある気圧配置をいいます。その気圧配置が続く限り，特徴のある一定の天気模様が現れるので，天気図型は天気予報に役立ちます。
(2) 夏季に多く現れる日本付近の天気図型は，南高北低型です。日本付近が夏型の気圧配置になると，次のような天気模様が現れます。
① 北太平洋の小笠原高気圧から日本列島に向かって，南～南東の風力3程度の季節風が吹き込んできます。この風は高温多湿なため夏季の日本は蒸し暑くなり，雷雨がよく発生します。
② また，夏の季節風は，親潮流域で冷却されて移流霧となり，この海域の船舶が難航します。

③ 小笠原高気圧の勢力が広がって，これが日本列島を覆うと晴天が長く続き，干ばつが発生します。

(3) 地上天気図の見方及び局地的な天気の予測

問16　地上天気図を見て今後の天気を判断するとき，一般にどのようなことに注意しますか。

答　〔地上天気図を見て今後の天気を判断するときの注意事項〕
　　次の事項に注意して，今後の天気を慎重に判断します。
① まず天気図の観測データの日付と時刻を確認します。
② 全域の気圧配置と等圧線形式を見ます。
③ 低気圧の中心位置，示度，進行方向および速度を見ます。台風では，さらに中心付近の最大風速，暴風範囲なども見ます。
④ 前線の位置，種類，進行方向を確認します。
⑤ 前の天気図と比較して，高気圧，低気圧，前線の動向と勢力の変化を確かめます。
⑥ できれば衛星雲画像で全域の天気分布も参考にします。

(4) 暴風雨の中心及び危険区域の回避

問17　北半球において，台風の右半円から避航する操船方法を述べなさい。

答　〔台風の右半円からの避航法〕
　　次のように操船して台風中心から遠ざかるようにします。
① 風浪を右舷船首2〜3点前方に受ける針路を選定し，速力は波浪による船体衝撃を強くしない程度に保って，台風中心から積極的に遠ざかっていきます。
② 風浪が大きくなって航走できなくなった場合は，ヒーブツーまたはライツーを実施して台風中心が遠ざかるのを待ちます。この場合必要に応じて散油したり，スパンカを使用して船首支えを容易にします。
③ 船が台風の前半円の軸線近くの右半円にいるときは，台風中心の進行

③ 気象及び海象　95

速度に注意しながら風浪を右舷船尾クォーターに受けて，順走して台風の可航半円へ避航します。

(5) 気象海象観測

問 18　風速は，一般に平均風速で表していますが，平均風速とは何ですか。

答　〔平均風速〕
　平均風速とは，観測時刻の前10分間の瞬間風速の平均値をいいます。
【参考】
　一般に風速は，平均風速で表していますので，瞬間最大風速は平均風速の1.5倍に見積もっておく必要があります。

問 19　アネロイド気圧計による気圧の測り方を述べなさい。

答　〔アネロイド気圧計による気圧観測法〕
　一般に次の要領で観測します。
① ガラス蓋を指先で軽くたたき，指針の振れを確かめます。
② 視線を器面と直角に保って指針の示す目盛りを読みとります。
③ 読み取った値に器差を加減します。
④ ③の値に，アネロイド気圧計の高度に応じた海面更正を施して観測気圧とします。
⑤ その後の気圧変化を知るため，指針に当針を重ねておきます。

問 20　(1) 気圧傾度とは，何ですか。
　　　　(2) 気圧傾度と風速との間には，一般にどのような関係がありますか。

答　〔気圧傾度について〕
(1) 気圧傾度とは，2地点の気圧差を両地の距離で割った値をいいます。気圧傾度は，風速の大小を判断する指標となるもので，その単位は，hPa/kmとなります。
(2) 気圧傾度と風速との間には，一般に次の関係があります。

① 気圧傾度の大きい地方では，風速は大きくなります。
② 気圧傾度の小さい地方では，風速は小さくなります。

【参考】
　中緯度の海上において，2本の等圧線の間隔が 100 km となっている場所（気圧傾度が 2/100〔hPa/km〕となります）では，風速 10 〜 15 m/s の風が吹くといわれています。

4 操船

(1) 操船の基本

問1 (1) 船尾の偏向に影響を及ぼす横圧力とは，何ですか。
(2) 横圧力が大きくなるのは，どのような場合ですか。

答 〔横圧力について〕
(1) 推進器を水中で回転させると，推進器翼に加わる水の抵抗力は，上翼よりも下翼の方が大きくなります。横圧力とは，これらの上翼と下翼に加わる水の抵抗力の差をいいます。
(2) 横圧力は，推進器の回転数に比例して大きくなります。また，推進器の一部が水面上に露出すると，この力は著しく大きくなります。

問2 一軸右回り船が舵中央として機関を前後進に使用した場合，横圧力と放出流はそれぞれ船尾をどちらへ偏向させますか。

答 〔一軸右回り船の横圧力と放出流〕
(1) 機関を前進に使用した場合
① 横圧力は，推進器の回転方向へ船尾を偏向させますので，前進中は船尾を右偏させます。
② 放出流は，推進器の上翼からのものが強く舵板を圧するため，船尾を左偏させます。
(2) 機関を後進に使用した場合
① 後進中は推進器が左転していますので，横圧力は船尾を左偏させます。
② 放出流は，推進器の下翼からのものが右舷船尾船底に強くあたって，船尾を著しく左偏させます。

問3 一軸右回り船を，できるだけ直後進させるためには，機関と舵をどのように使用すればよいですか。

[答] 〔一軸右回り船の直後進〕
　機関と舵を次のように使用して操船すれば，ほぼ真っ直ぐ後退させることができます。
① 舵をおもかじ一杯（ハードスターボード）とし，機関を微速後進として後退を始めます。このとき，やや左偏します。
② 後退の行き足が付くにつれて舵効が生じ，船尾の左偏傾向が止まって，船が真っ直ぐ後退を始めます。このとき，直ちに機関を停止し，舵を中央に戻します。
③ しばらく惰力でそのまま直後進を続け，後退の行き足が止まらない内に，舵をおもかじ一杯とし，機関を再び微速後進にかけます。
④ 以後，この方法を繰り返しながら，舵効による右偏傾向と，放出流および横圧力による左偏傾向をバランスさせながら直後進させます。

[問] 4　(1) 一軸右回り船とは，どのような船ですか。
　　　(2) 一軸右回り船の右舷小回り法を述べなさい。

[答] 〔一軸右回り船と右舷小回り法〕
(1) 一本の推進器軸を有し，その船が前進中に船尾から見て，推進器が右転する船を一軸右回り船といいます。
(2) 右舷小回り法は，次の要領で行います。
　① おもかじ一杯（ハードスターボード），機関全速前進で船首を2〜3点右転させます。
　② あまり行き足が付かない内に，とりかじ一杯（ハードポート），機関全速後進とし，大きく船尾を左転させます。
　③ 次いでおもかじ一杯，機関全速前進。
以上の操船を数回繰り返すことで右舷へ小回り回頭させます。

[問] 5　(1) 最短停止距離とは，何ですか。
　　　(2) この距離はどのような要素で変化しますか。

[答] 〔最短停止距離について〕
(1) 最短停止距離とは，前進中の船が機関を全速後進にかけてから，その

船の行き足が停止するまでの進出距離のことをいいます。
(2) 最短停止距離は，次の要素で変化します。
① 前進中の速力
② 風，波浪，流潮等の外力の影響
③ 船の大きさ
④ 喫水の大小
⑤ 船幅
⑥ 水深
⑦ 船底の汚れ
⑧ 機関の種類

【参考】
機関を全速後進にかけた後，船の行き足が停止したことは放出流の先端が船体中央に達したことで確認できます。

問6 (1) 旋回縦距とは，何ですか。
(2) これは操船上どのように使用されますか。

答 〔旋回縦距について〕
(1) 旋回縦距とは，前進航走中の船が転舵した地点からその船が原針路に対して90°回頭するまでの船体重心の進出距離を原針路上で測ったものをいいます。
(2) 旋回縦距は，前進中の船が転舵によって船の前方の障害物を回避するときや，船を浮標間の狭い水路に変針して進入させるときなどに利用します。

問7 (1) キックとは，何ですか。
(2) キックを操船に利用して有利となる例をあげなさい。

答 〔キックの意義とその利用〕
(1) キックは，前進中の船が転舵したとき，転舵舷と反対方向に船尾が振り出る現象または船体重心が原針路から振り出た量をいいます。
(2) キックを操船に利用して有利となる例に，次の2つがあります。
① 航行中に転落者があったときに，転落者の側に転舵すると，キック

によって船尾が振り出て，推進器で転落者を傷付けることを防止できます。
② 航行中，船首至近に小型船や障害物を発見したとき，一方にわずかに舵を取り船首を障害物からかわし，かわると同時に障害物の側へ一杯に転舵すると，キックによってこれらの障害物を船側にかわすことができます。

問8 前進航走中の船が，その船側に風を受けるとき，風向に対して船首はどのように偏向しようとしますか。

答 〔前進中の船が横風を受けたときの船首の偏向方向〕
　通常の状態では，次のようになります。
① 船速に比べてそれほど強くない横風を受けるときは，船首は風上に切り上がります。
② 船速に比べて強い横風を受けるときは，船首は風下に落とされます。

【参考】
　空船状態で前進中の船が横風を受けると，常に船首は風下に落とされます。また，船尾機関室船が横風を受けると常に船首は風上に切り上がります。横風によって船舶が向風性を示か離風性を示すかは，風の強弱のほか，その船の形状やトリムが大きく影響します。なお，後進中の船が横風を受けたときは，常に船尾が風上に切り上がります。

(2) 一般運用

問9 一軸右回り船を，岸壁に右舷横付けする操船法を述べなさい。

答 〔一軸右回り船の右舷横付け法〕
　右舷横付けは次の要領で行います。
① 機関と錨を用意とし，予定岸壁を右舷に見ながら，これとほぼ平行な進入針路で微速前進します。
② 予定岸壁から船が船たけの4～5倍に接近したときに機関を停止し，そのままの行き足を保って前進します。

③ 船体が予定岸壁の位置に停止してから，船首索および船尾索の順に係留索をとって右舷横付けとします。
④ ③で，船が行き足過大で予定岸壁を通過するようであれば，バックスプリングを早めに岸壁に送って行き足を調整するか，または左舷錨を投下して，過大行き足を調整します。

問 10　左舷横付け係留している一軸右回り船を，離岸出港させる操船法を述べなさい。

答　〔一軸右回り船の左舷横付け係留からの離岸法〕
① バックスプリング1本残して，他の係船索を放します。左舷船首にフェンダーを当てます。
② 舵をとり舵一杯（ハードポート）として，機関を微速前進にかけます。
③ 船尾が岸壁から十分振り出たら，機関を停止して，舵を中央に戻します。
④ 船首のバックスプリングを放して，舵をおもかじ一杯（ハードスターボード）にとり，機関を後進にかけて離岸します。

問 11　単錨泊の利点と欠点を述べなさい。

答　〔単錨泊の利点と欠点〕
＜利点＞
① 揚投錨作業が簡単で，かつ，短時間でできます。
② 絡み錨鎖が起こりません。
③ 緊急時における捨錨が簡単です。
④ 船が走錨したときに，他舷錨を投下できます。
＜欠点＞
① 他の錨泊法に比べて把駐力が小さいので，走錨を起こすことがあります。
② 船の振れ回り範囲が広いので，広い錨地を必要とします。
③ 船体の振れ回りによる錨鎖へのショックが大きいため，錨鎖を切ったり，走錨を起こすことがあります。

問 12 双錨泊時の前進投錨法を述べなさい。

答 〔双錨泊時の前進投錨法〕
一般に次の要領で投錨します。
① 両舷錨および機関を用意とします。第1錨投下地点へ微速で進み，投錨地点の少し手前で機関を停止し，適度な前進行き足を保って，風上舷側の錨を投下します。
② 錨鎖を伸ばしながら針路を保って第2錨投下地点へ前進します。錨鎖を予定錨鎖長の2倍ぐらい伸ばして，よく張ってから機関を後進にかけ，船体が後退しようとするときに第2錨を投下します。
③ 機関を止め，第1錨鎖を巻き込みながら第2錨鎖を伸出し，両舷錨鎖長が所要量になってから止めます。

問 13 (1) 振れ止め錨の効用について述べなさい。
(2) 振れ止め錨の投下方法について述べなさい。

答 〔振れ止め錨の効用とその投下法〕
(1) 単錨泊中に風潮が増したとき，振れ止め錨を投下すると，次のような効果が現れます。
① 船体の振れ回りを抑止し，錨鎖に掛かる急張を和らげ，走錨や錨鎖の切断を防止します。
② 船の振れ回り範囲を狭くし，付近の停泊船や他の障害物との接触事故を防止します。
(2) 振れ止め錨は，振れ回りに伴って，船体が最も外側へ振り出たときに投下して，錨鎖の伸出は水深の約1.5倍で止めておきます。

問 14 錨泊中，船が走錨しているかどうかは，どのように判断するのですか。

答 〔走錨の有無の判断方法〕
錨泊船の走錨の有無の判断は，次の方法で行います。
① 投錨したときの位置と現在の位置をクロス方位法などで比較して判断

します。
② 投錨したときに一直線に見える2物標を選定し，そのトランシットの方位変化で判断します。
③ 投錨したときに入れたハンドレットのレットラインが船首方向に張ってくるときは，走錨と判断します。
④ 走錨音がして，錨鎖が張り続けるときは，走錨と判断します。
⑤ 他の錨泊船の船首がすべて風潮に立っているときに自船の船首が異なった向きをしているときは，走錨と判断します。

問15 荒天錨泊中の守錨当直者が特に注意しなければならない事項を述べなさい。

答 〔荒天中の守錨当直者の注意事項〕
① 走錨の防止
　荒天時にいったん走錨を起こすと，これをくい止めることは困難なので，特に風潮の変化に注意し，走錨のおそれを察知したときは錨鎖の伸出，振れ止め錨の投下，機関と舵を用いて船首を風潮に立てる等の処置をします。
② 錨鎖の切断防止
　風潮が強くなると錨鎖を切断することがありますので，伸縮してホースパイプと接触する錨鎖の位置を変えたり，単錨泊のときは振れ止め錨を投下し，また2錨泊のときは絡み錨鎖を起こさないよう風潮の変化に応じて錨鎖の伸縮調整を行います。
③ 接触事故の防止
　荒天錨泊中は，自船の振れ回りによる付近船舶や障害物との接触事故に注意するほか，風潮上の錨泊船にも注意します。その他，周囲の船舶の動静を看視し，接触事故の防止に努めます。

問16 錨泊以外の錨の利用法をあげて説明しなさい。

答 〔錨泊以外の錨の利用法〕
(1) 操船の補助として利用する方法
① 用錨回頭：狭い水域や急潮を船尾に受けて180°回頭する際，回頭

舷の錨を投下して，錨鎖を水深の約1.5倍伸出して用います。
② 過大行き足の調整：接岸の際，過大行き足を残した船を予定岸壁で停止させるときに，岸壁と反対舷の錨を投下して，錨鎖を水深の1.5ほど伸出させて用います。
③ 船体の横移動の制御：接岸の際，岸壁と反対舷の錨を投下して錨鎖を十分伸ばして錨を効かせると，前進機関と舵の積極的な使用が可能となり，船体を安全確実に横付けすることができます。また，離岸の際に，その錨を巻き込めば離岸を容易にすることもできます。
(2) 保安応急用として利用する方法
① 衝突や乗揚げの回避：衝突や乗揚げを回避するため，船の行き足を急に停止させる必要があるとき，機関全速後進とともに両舷錨を投下して用います。
② 船固め：乗揚げ船が，救助船の到着を待つ間，船体を固定して船体動揺に伴う損害拡大を防止するため，錨を船の周囲に運び出して船固めとして用います。
③ 船体の動揺防止：うねりの侵入する港で陸岸係留中の船が，あらかじめ投錨した錨鎖を巻き出しておくと，船体の動揺を緩和することができます。

【参考】
　その他，錨は強風下の空船が保針に利用したり，荒天中の船舶がシーアンカーの代りに用いることがあります。

(3) 特殊運用

問17　荒天時の操船上の注意事項を述べなさい。

答　〔荒天時の操船上の注意事項〕
① 荒天準備を完了してから荒天航海にはいります。
② 針路は，風浪を船首2〜3点前方または船尾2〜3点後方から受けるように選定します。風浪を船首尾線または正横方向から受ける針路は決してとりません。
③ 速力は，波浪の船体衝撃，船体動揺および推進器の空転などを考慮して，一般に適度に落とします。ヒーブツーに際しては，船首支えができ

る最小限度まで落とします。
④ スカッディングに際しては，プープダウンとブローチングツーの危険性に注意し，速力は十分に維持して保針に努めます。
⑤ 同調横揺れの危険に対しては，針路または速力を変更して波の出会い周期を変えて調整します。
⑥ 操舵は，大舵を避け，小舵角でこまめに行います。また，取っている舵を急激に戻さないようにします。

問 18 空船状態（軽荷喫水）で航行すると，どのような危険が伴いますか。

答〔空船航海の危険性〕
空船状態における船舶は，乾舷が大きくなるほか，極度な船尾トリムが付き，しかも上下のつり合いはボトムヘビーとなるため，航海中に次のような危険を伴います。
① 船首が著しく風落ちして，船の操縦性が悪くなります。
② 風圧差が大きくなり，船体が著しく風下に圧流されます。
③ 推進器の一部が水面に露出して，横圧力による船の偏位が大きくなります。
④ 船体のローリングが大きくなって航海計器が故障します。
⑤ 荒天時は，波浪によるスラミング（船首船底衝撃）が強くなり，船首船底外板が破壊されることがあります。
⑥ 荒天時は，推進器が空転して機関を故障させることがあります。

問 19 外洋で遭難船の曳航に従事する船が，曳航を開始するときにはどのような注意が必要ですか。

答〔曳航を開始するときの注意事項〕
次の諸注意を払って，曳索の切断等を防止します。
① 曳索のたるみを取って，曳索が推進器に絡まないようにします。
② 引き船を被曳船の船首方向の延長線上に正しく位置させてから引き始めます。
③ 曳航を始めるときの速力は，機関を微速前進と停止に切り替えながら徐々につけていき，曳索を切断しないように注意します。

④ 曳航開始時には，曳索の切断事故が多いので，曳索の付近に人を近づけないように気を付けます。

5 船舶の出力装置

(1) ディーゼル機関の作動原理の概要

> **問1** (1) 4サイクルディーゼル機関の作動行程には,どのようなものがありますか。
> (2) そのうち,ピストンに圧力が加わるのはどの行程ですか。

答 〔4サイクルディーゼル機関の作動行程〕
(1) 次の4つの行程があります。
① 吸気行程
② 圧縮行程
③ 膨張行程
④ 排気行程
(2) ピストンに圧力が加わるのは,膨張行程です。

⑥ 貨物の取扱い及び積付け

(1) 貨物の積付け及び保全

問1 貨物の積付け係数（S/F：stowage factor）とは，何ですか。

答〔積付け係数の意義〕
　　重量1英トン（1.016メトリック・トン）の貨物が船倉内において占める容積を立方フィートで表したものを積付け係数（または載貨係数）といいます。
【参考】
　　主な貨物の積付け係数の例：セメント1袋35，綿花1包65，鋼材12，紅茶1箱90～120などがあります。

問2 重量貨物と容積貨物の違いを説明しなさい。

答〔容積貨物と重量貨物の相違点〕
　　積付け係数が40以下（重量1英トン当たりの容積が40立方フィート以下）の貨物を重量貨物といい，積付け係数が40を超える貨物を容積貨物といいます。
【参考】
　　40立方フィートは，メートル法で約1.133立方メートルとなります。

(2) 荷役装置及び属具の取扱い及び保存手入れ並びにロープの強度及びテークルの倍力

問3 ダンネージ（荷敷き）は，どのような役目をしますか。

答〔ダンネージの役目〕
　　次のような役目をします。
　① 船体の鉄材から離して発汗，漏水から貨物の濡れ損を防ぎます。

② 貨物相互間の接触や摩擦による損傷を防ぎます。
③ 貨物による摩擦や集中荷重による船体の損傷を防ぎます。
④ 貨物の移動を防ぎます。
⑤ 貨物の通風換気を良くします。
⑥ 貨物の境界をつくります。

問4 (1) ロープの大きさは，どのようにして表しますか。
(2) ロープ1丸（コイル）の長さは，何メートルですか。

答 〔ロープの大きさの表し方と1丸の長さ〕
(1) ロープの大きさは，ロープの外接円の直径を，ミリメートルを単位として測って表します。
(2) ロープの1丸（ワンコイル）の長さは200メートルです。

問5 (1) ロープの破断力を求める式を示しなさい。
(2) 破断力から安全使用力を求めるには，どうしますか。

答 〔ロープの破断力と安全使用力〕
(1) 各ロープの破断力は，次の①〜③の公式を用いて算出します。
  ① マニラロープの破断力　　$B = (D/8)^2 \times 1/3$〔トン〕
  ② 軟鋼索の破断力　　　　　$B = (D/8)^2 \times 2$〔トン〕
  ③ 硬鋼索の破断力　　　　　$B = (D/8)^2 \times 2.5$〔トン〕

  以上の公式中，B は破断力〔トン〕，D はロープの直径〔ミリメートル〕，数字の 1/3, 2 および 2.5 は各ロープの破断力係数です。
(2) ロープの安全使用力は，破断力に安全率の逆数を掛けて求めます。船舶関係では，一般に新しいロープを使用する場合には，安全率を6倍とするので，通常は破断力にその逆数の1/6を掛けて安全使用力とします。

問6 ブロックの大きさはどのようにして表しますか。

答 〔ブロックの大きさの表し方〕
　木製ブロックの大きさは，セルの上端から下端までの長さをミリメートル単位で測って表します。金属ブロックの大きさは，シーブの直径をミリメートル単位で測って表します。

問7 ブロックと通索との関係はどのように保たれていますか。木製ブロックと金属製ブロックの別に答えなさい。

答 〔ブロックと通索との関係〕
　両者は，一般に次の関係が保たれています。
① 木製ブロックには，繊維ロープを用います。両者の大きさの関係は，シーブの直径がロープの直径の 10 倍以上となるようにします。
② 金属ブロックには，ワイヤーロープを用います。両者の大きさの関係は，シーブの直径がロープの直径の 20 倍以上となるようにします。

問8 (1) テークルとは，何ですか。
　　　(2) テークルを使用すると，どのような効用がありますか。

答 〔テークルについて〕
(1) テークルとは，ブロック（滑車）にフォール（通索）を通した装置のことをいいます。
(2) テークルを使用すると，次のような効用があります。
① 固定ブロックを使用したテークルは，力の方向を変えることができ，作業を行いやすくします。
② 移動ブロックを使用したテークルは，倍力を得ることができます。つまり，小さな力で重量物を移動させることができます。

問9 テークルの実倍力を求める算式を示しなさい。

答 〔テークルの実倍力を求める算式〕
$$W/P = (10 \times m) \div (10 + n)$$
ただし，W は荷重〔トン〕，P は引手〔トン〕，m は移動ブロックに掛

かっているフォールの本数，n はシーブの枚数とします。

(3) タンカーの安全に関する基礎知識

> **問 10** タンカーが港内で危険物の荷役を行う場合，非常用曳航ワイヤー（Fire Wire）は，どのようにしていなければならないですか。

答〔非常用曳航ワイヤーの取り付け〕
　港内で停泊中のタンカーは，火災が発生したときに，これを直ちに港外へ曳航できるよう非常用曳航ワイヤーの取り付けが義務付けられています。このワイヤーは，桟橋と反対側の舷の船首と船尾のビットに，それぞれ1本ずつワイヤーロープのアイを係け，他端のアイを水面近くまで垂らしておかなければなりません。

7 非常措置

(1) 衝突，乗揚げの場合における措置

問 1 船が衝突したときに，あわてて機関を後進にかけてはならない理由を述べなさい。

答　〔船が衝突したときに機関を後進にかけてはならない理由〕
次の2つの理由が考えられます。
① 衝突で他船に破口を生じているとき，機関を後進にかけて両船が離れると破口から急激な浸水が始まり，他船の沈没を早めることになります。
② また，後進によって2船が離れると，他船の人命救助が困難になります。

問 2 船が乗り揚げたときの処置を述べなさい。

答　〔船が乗り揚げたときの処置〕
① まず機関を止めて船の行き足を停止します。このときあわてて機関を後進にかけないようにします。その理由は，船底の破口を大きくして船を沈没させたり，船尾にある推進器や舵を破損させて航行不能に陥ることを防止するためです。
② ついで乗揚げ個所，乗揚げの程度，損傷の有無と程度，浸水の有無と程度，底質，周囲の水深など乗揚げの状況をよく調査します。さらに潮時，潮高，気象の変化なども検討します。
③ 調査の結果，自力離礁が可能と判断したときは，潮時を待って機関や錨を使用して離礁作業を試みます。離礁を容易にするためのバラストの移動，排出，積荷の移動や捨荷は，必要に応じて行います。
④ 自力離礁が不可能と判断したときは，救助船の到着を待ちます。この間，必要に応じて船固めを実施します。
⑤ 救助船の到着とともに，救助船と協力して離作業を開始します。

(2) 火災の場合における船舶の損傷の制御及び船舶の救助

問3 航行中，船内火災が発生したときの操船法を述べなさい。

答 〔船内火災が発生したときの操船法〕
次のように操船して火災の延焼防止，または消火作業の援助に役立てます。
① 消火作業を行いながら，直ちに火元を風下にする操船を行い，機関を停止して船の行き足を止めます。
② 消火の見込みが立たないときは，付近の浅瀬に乗り揚げて消火作業を続けます。
③ 付近に浅瀬がないときは，救命艇等を降下して，総員退船できるように操船します。

【参考】
消火作業は，火元へ通じる通風を遮断するほか，火元を密閉して行います。密閉消火で効果が上がらないときは，火元に注水したり，泡消火器等を用いて消火します。この場合，大量の油火災に直射水を用いると飛び火するので，低速水霧や泡消火器で効果的な消火を行います。

(3) 海中に転落した者の救助

問4 (1) 航行中の船舶から転落者があったときの操船法を述べなさい。
(2) 転落者の救助法を述べなさい。

答 〔航行中に転落者があったときの操船法およびその救助法〕
(1) 航行中に転落者が生じたときは，まず次のように操船します。
① 操船者は，できるだけ速やかに転落者の側へ舵を一杯に取り，機関を停止します。
② 直ちに救命浮環を海中に投下するとともに，転落者を見失わないために見張りを立てます。夜間であれば船内の照明灯を点灯します。なお，救命浮環の投下に際しては，昼間は自己発煙信号，夜間は自己点火灯をロープで連結し救命浮環と一緒に投下します。

③　転落者が船尾を替わったら船体を静かに回航して、転落者の風上側で船を停止させます。
(2)　転落者の救助作業は、引き続き次のように行います。
　①　風下舷へロープまたはネットを垂らして転落者をこれにつかまらせて救助するか、泳ぎの達者な者を海中に入れて救助します。
　②　荒天の際は、風下舷の救命艇を降下し、救命艇で救助します。
　③　転落者を救助したときは、急に安心させるとよくないので、気つけ用のウイスキーを飲ませたり、強心剤を与えたり、さらに必要に応じて暖をとらせたり、海水の吐出および人工呼吸の実施など、適切な応急処置をとります。

【参考】
　転落者があってからしばらくして船を転落者があった原針路上へ正しくUターンさせる操船法を、ウイリアムソン・ターンといいます。これは、次のように操船します。
①　全速前進を保って、舵をいずれか一方の舷へ一杯に取ります。
②　船が原針路に対して60°回頭したときに、全速前進のまま、取っている舵を反対舷へ一杯に反転します。
③　船首が180°回頭したときに、船は原針路上に正しくUターンしています。

8 医療 (医療は, 口述試験のみに出題されます)

(1) 救急措置

> **問1** 人口呼吸は, どのように行えばよいですか。

答
① 患者をあおむけに寝かせ, あごを突き出し, 頭を強く後屈させます。
② 片手で患者の首を持ち上げ, 口を患者の口に密着させ, 他方の手で鼻孔をふさぎます。それから息を吹き込み, 胸が膨らむのを見て口を放します。
③ これを1分間に12〜20回繰り返します。

9 捜索及び救助 (捜索及び救助は、口述試験のみに出題されます)

(1) 国際航空海上捜索救助マニュアル（IAMSAR）の利用に関する基礎知識

問1 商船捜索救助便覧（MERSAR）に記載されている捜索パターンの種類を，3つあげなさい。

答〔捜索パターン〕
次の3つのパターンがあります。
① 扇形捜索パターン
② 方形拡大捜索パターン
③ 平行捜索パターン

問2 次の(1)から(4)に掲げる国際信号旗の1字信号の意味を述べなさい。
(1) A旗　　(2) H旗　　(3) L旗　　(4) Q旗

答〔1字信号の意味〕
それぞれ次のような意味を表しています。
(1) A旗：私は潜水夫をおろしている。微速で十分避けよ。
(2) H旗：私は，水先人を乗せている。
(3) L旗：あなたは，すぐ停船されたい。
(4) Q旗：本船は健康である。検疫上の交通許可を求める。

⑩ 船位通報制度 (船位通報制度は，口述試験のみに出題されます)

(1) 船位通報制度及び船舶交通業務（VTS）の運用指針及び基準に基づいた報告

> **問1** JASREPとは，何ですか。簡単に説明しなさい。

答 〔JASREPについて〕

　JASREPとは，日本の船位通報制度（Japanese Ship Reporting Systemの略）のことです。この制度へ加入した船舶は，航海中の現在の船位等を海上保安庁に対して逐次通報しなければなりません。この通報を受けた海上保安庁は，その船舶の位置の推測が可能となるほか，その船舶が遭難した場合，付近を航行する船舶に対して，その船舶の早急な救助を要請することができます。JASREPは，このような方法で迅速な海難救助を可能にする任意の相互救助システムです。

Part 3 法 規

1 海上衝突予防法

(1) 総則

問1 動力船および帆船の定義をそれぞれ述べなさい。

答 〔動力船および帆船の定義〕
　動力船とは，機関を用いて推進する船舶をいいます。
　帆船とは，帆のみを用いて推進する船舶および機関のほか帆を用いて推進する船舶であって，帆のみを用いて推進している船舶をいいます。

問2 漁ろうに従事している船舶の定義を述べなさい。

答 〔漁ろうに従事している船舶の定義〕
　漁ろうに従事している船舶とは，船舶の操縦性能を制限する網，なわ，その他の漁具を用いて漁ろうに従事している船舶をいいます。

問3 予防法で航行中とは，どのような状態をいいますか。

答 〔航行中の定義〕
　船舶が次の3つ以外の状態にあることを，予防法では航行中といいます。
① 船舶が，錨泊（係船浮標または錨泊している船舶にする係留を含む）している場合
② 船舶が陸岸に係留している場合
③ 船舶が乗り揚げている場合

問4 運転不自由船と操縦性能制限船の定義で，共通している点と異なっている点をそれぞれ述べなさい。

答 〔運転不自由船と操縦性能制限船の共通点と相違点〕
　両船には，次のような共通点と相違点があります。

<共通点>
両船とも他船の進路を避けることができません。
<相違点>
他船を避航できなくなった原因が異なる点にあります。つまり，運転不自由船は，故障や異常な事態がその原因であるのに対し，操縦性能制限船は，従事する作業が原因になっています。

(2) 航法

> **問5** (1) 安全な速力とは，どのような速力をいうのですか。
> (2) この速力を決定する際に，全ての船舶が考慮すべき事項をあげなさい。

答〔安全な速力〕
(1) 安全な速力とは，次の①または②の速力をいいます。
　① 他の船舶との衝突を避けるための適切かつ有効な動作をとることができる速力
　② そのときの状況に適した距離で停止できる速力
(2) 安全な速力を決定する際に，全船舶が考慮しなければならない事項は次の6つです。
　① 視界の状態
　② 船舶交通の輻輳の状況
　③ 自船の停止距離，旋回性能その他の操縦性能
　④ 夜間における陸岸の灯火，自船の灯火の反射等による灯光の存在
　⑤ 風，海面および海潮流の状態並びに航路障害物に接近した状態
　⑥ 自船の喫水と水深との関係

> **問6** 衝突するおそれの有無は，どのようにして判断するのですか。

答〔衝突するおそれの有無の判断方法〕
接近してくる他船のコンパス方位を2～3回測り，その方位に明確な変化*が認められないときは衝突するおそれがあるものと判断します。

【参考】
　＊明確な変化：明確な変化とは，大きな変化を指します。したがって，接近してくる他船のコンパス方位に明確な変化が認められないときとは，方位が大きく変わらないときなので，具体的には次の2つの場合が生じます。
① 接近してくる他船のコンパス方位に全く変化が認められない場合
② 接近してくる他船のコンパス方位に僅かな方位変化が認められる場合
　上記の①，②いずれの場合にも，衝突するおそれがあるものと判断しなければなりません。

問7　接近してくる他の船舶の方位に明確な変化が認められる場合においても，これと衝突するおそれがあり得ることを考慮しなければならないのは，どのような場合ですか。

答　〔衝突するおそれがあり得ることを考慮すべき場合〕
　方位が明確に変化する場合においても，次の3つの場合においては，衝突するおそれがあり得ることを考慮しなければなりません。
① 大型船舶に接近する場合
② 曳航作業に従事している船舶に接近する場合
③ 近距離で他の船舶に接近する場合

問8　衝突を避けるための動作をとる場合に必要とされる3つの要件とは何ですか。

答　〔衝突を避けるための動作の3要件〕
　衝突を避けるための動作をとるときは，できる限り，次の3つの要件が満たされていなければなりません。
① 十分に余裕のある時期にその動作をとること。
② 船舶の運用上の適切な慣行に従って行うこと。
③ ためらわずに行うこと。

問9　狭い水道等に沿って航行する船舶の航法を述べなさい。

答〔狭い水道等に沿って航行する船舶の航法〕（予防法第9条第1項）

　狭い水道等に沿って航行する船舶は，安全であり，かつ，実行に適する限り，狭い水道等の右側端に寄って航行しなければなりません。

問10 (1) 狭い水道において，追越し船が追越しの意図を示す汽笛信号を行わなければならないのは，どのようなときですか。
(2) そのときの汽笛信号は，どのように行うのですか。

答〔追越し信号〕

(1) 狭い水道等において，追い越される船舶が自船を安全に通過させるための動作をとらなければこれを追い越すことができないときです。
(2) この場合の追越し船の行うべき信号は，次の①および②の信号です。
　① 他の船舶の右舷側を追い越そうとするときは「長長短」の汽笛信号
　② 他の船舶の左舷側を追い越そうとするときは「長長短短」の汽笛信号

問11 狭い水道の湾曲部に接近した船舶は，どのような信号を行い，どのように航行しなければならないですか。

答〔狭い水道等の湾曲部における信号および航法〕

　船舶は，障害物のため他の船舶を見ることができない狭い水道の湾曲部その他の水域に接近するときは，長音1回による汽笛信号（湾曲部信号）を発し，十分に注意して航行しなければなりません。この場合において，反対方向から接近する他の船舶は，その湾曲部または障害物の背後において上記の汽笛信号を聞いたときは，長音1回による汽笛信号（応答信号）を発しこれに応答しなければなりません。

問12 (1) 追越し船とは，どのような船舶ですか。
(2) 追越し船であるかどうかを確かめることができない船舶は，どのような航法が適用されますか。

答 〔追越し船について〕
(1) 追越し船とは，船舶の正横後2点（22°−30′）の後方の位置から接近してその船舶を追い越す船舶をいいます。したがって，夜間にあっては船舶のいずれの舷灯も見ることができない位置（船尾灯が見える位置）から接近してその船舶を追い越す船舶となります。
(2) また，追越し船であるかどうかを確かめることができない船舶は追越し船とみなされるので，その船舶には追越し船の航法が適用されます。

問 13 航行中の動力船は，その船首方向に他船の掲げるマスト灯2個と両側の舷灯を見てこれに接近するときは，どのようにしなければならないですか。

答 〔行会い船の関係になったときの処置〕
動力船は，他の船舶の左舷側を通過できるように，早めに大きく針路を右転して，短音1回による汽笛信号を行います。

問 14 横切り船の航法の要点を述べなさい。

答 〔横切り船の航法〕
2隻の動力船が互いに進路を横切り衝突するおそれがあるときは，他の動力船を右舷側に見る動力船が他の動力船の進路を避けなければなりません。この場合において，避航動力船は，やむを得ない場合を除き，保持動力船の船首方向を横切ってはなりません。

問 15 保持船が，その針路と速力を保つ義務からはなれて避航船との衝突回避動作をとることができるのは，いつですか。

答 〔保持船の衝突回避動作〕（予防法第17条）
保持船は，避航船が予防法の規定に基づく適切な動作をとっていないことが明らかになったときは，針路と速力を保つ義務からはなれて，直ちに避航船との衝突を避けるための動作をとることができます。

問16 予防法で一般動力船が，避航船となる場合をあげなさい。

答 〔一般動力船が避航船となる場合〕
動力船が避航船となるのは，次の①〜⑤の場合です。
① 狭い水道等で帆船および漁ろうに従事している船舶と衝突するおそれが生じた場合
② 通航路で帆船および漁ろうに従事している船舶と衝突するおそれが生じた場合
③ 他の船舶を追い越す場合
④ 他の動力船と横切り関係となり，その動力船を右舷側に見ている場合
⑤ 帆船，漁ろうに従事している船舶，操縦性能制限船および運転不自由船の各船と衝突するおそれが生じた場合

問17 漁ろうに従事している船舶について
(1) この船が進路を避けなければならない船は，どのような船舶ですか。
(2) この船ができる限り進路を避けなければならない船は，どのような船舶ですか。
(3) この船が通航を妨げてはならない船は，どのような船舶ですか。

答 〔漁ろうに従事している船舶が避航船となる場合〕
(1) 漁ろうに従事している船舶に追い越される船舶です。
(2) ① 運転不自由船　② 操縦性能制限船です。
(3) ① 喫水制限船　② 狭い水道等の内側を航行している他の船舶
　　③ 通航路をこれに沿って航行している船舶です。

問18 (1) 視界制限状態とは，どのような状態ですか。
(2) 視界制限状態において航行中，他船の霧中信号を正横の前方に聞いたときは，どうしますか。

答 〔視界制限状態について〕
(1) 視界制限状態とは，霧，もや，降雪，暴風雨，砂あらし，その他これに類するもののため，視界がおよそ2〜3海里以下に制限された状態

をいいます。
(2) 自船の正横の前方に他船の霧中信号を聞いた場合には，これと衝突するおそれがないと判断した場合を除き，速力を保針できる最小限に減速するか，必要に応じて停止し，衝突の危険がなくなるまで，十分に注意して航行します。（予防法第19条第6項）

問 19 航行中の動力船が視界制限状態となったときに，予防法上，直ちにとらなければならない措置をあげなさい。

答 〔視界制限状態での動力船の措置〕
　航行中の動力船は，視界制限状態となったときは，直ちに次の予防法上の措置をとります。
① その時の状況および視界制限状態を考慮して，より適切な見張りを開始します。
② その時の状況および視界制限状態を考慮して，より安全な速力を選んで航行します。
③ 機関を直ちに操作できるようにします。
④ 規定の法定灯火を掲げます。
⑤ 長音1回または長音2回による規定の霧中信号を開始します。

(3) 灯火及び形象物

問 20 (1) 法定灯火を掲げなければならないのは，いつですか。
(2) 法定灯火を掲げることができるのは，どのような場合ですか。

答 〔法定灯火について〕
(1) 法定灯火を掲げなければならないのは，次の①および②の時期です。
　① 日没から日出までの夜間
　② 昼間において視界制限状態となったとき
(2) 法定灯火を掲げることができる場合は，昼間において，船長が特に必要であると認める場合です。

問 21 引き船灯と閃光灯の定義を，それぞれ述べなさい。

答 〔引き船灯と閃光灯の定義〕
　引き船灯とは，船尾灯と同一の特性を有する黄灯をいいます。
　閃光灯とは，一定の間隔で毎分 120 回以上の閃光を発する全周灯をいいます。

問 22 まき網で漁ろうに従事している船の灯火，形象物および視界制限状態となったときの音響信号について述べなさい。

答 〔まき網漁ろう船の灯火，形象物および霧中信号〕
　まき網は，トロール以外の漁法に属するので，灯火と形象物は，次の①および②を掲げ，霧中信号は③の方法で行います。
① 灯火
　最も見えやすいところに，紅（上）白（下）の全周灯を連掲し，対水速力を有するときは，さらに舷灯と船尾灯を掲げます。また，漁具を船外 150 メートルを超えて出しているときは漁具の出ている方向に白色全周灯 1 個を増掲します。
② 形象物
　最も見えやすいところに，黒色鼓形形象物 1 個（円錐形形象物 2 個をその頂点で連結したもの）を掲げます。
③ 霧中信号
　漁ろうに従事しているときは，航行中および錨泊中を問わず，2 分を超えない間隔で「長短短」（—・・）の汽笛信号を行います。

問 23 (1) 喫水制限船の掲げる灯火と形象物について述べなさい。
(2) この船の航法は，どのように規定されていますか。

答 〔喫水制限船〕
(1) 航行中の喫水制限船の灯火および形象物
　① 灯火
　　マスト灯（長さ 50 メートル以上の船舶にあってはマスト灯 2 個），

舷灯1対および船尾灯を掲げるほか，最も見えやすいところに紅色全周灯3個を垂直線上に掲げることができます。
　②　形象物
　　　最も見えやすい場所に，黒色円筒形形象物1個を掲げることができます。
(2)　喫水制限船の航法
　　喫水制限船は，十分にその特殊な状態を考慮し，かつ，十分に注意して航行しなければなりません。

問 24　トロールによって漁ろうに従事している船舶の灯火および形象物について述べなさい。

答　〔トロールによって漁ろうに従事している船舶の灯火および形象物〕
　次の①から③の法定灯火を掲げなければなりません。
　①　最も見えやすい場所に，緑（上）白（下）の全周灯を連掲
　②　対水速力を有するときは，舷灯1対と船尾灯
　③　長さ50メートル以上の船舶は，後部マストの高い位置にマスト灯
　他の漁ろうに従事している船舶が著しく接近している場合には，次の①から③の法定灯火を掲げなければなりません。
　①　トロール網を投網しているときには，白色全周灯2個を連掲
　②　トロール網を揚網しているときは，白（上）紅（下）の全周灯を連掲
　③　トロール網が障害物に絡んでいるときは，紅色全周灯2個を連掲
　　昼間は黒色鼓形形象物1個を最も見えやすい場所に掲げなければなりません。

問 25　動力船が機関を止めて漂泊しているときは，どのような法定灯火を掲げなければならないですか。

答　〔漂泊中の動力船の灯火〕（予防法）
　漂泊している動力船は，予防法では航行中の動力船となるので，次の法定灯火を掲げなければなりません。
　①　前部にマスト灯1個を掲げ，かつ，そのマスト灯よりも後方の高い位置にマスト灯1個を掲げます。ただし，長さが50メートル未満の動

力船は，後方のマスト灯を掲げることを要しません。
② 舷灯一対および船尾灯を掲げます。

> **問 26** 錨泊している船舶の灯火および形象物について述べなさい。

答 〔錨泊船の灯火および形象物〕
　＜灯火＞
　　① 長さ50メートル未満の船舶は，最も見えやすい場所に白色全周灯1個を掲げなければなりません。
　　② 長さ50メートル以上100メートル未満の船舶は，船の前部に白色全周灯1個およびこれより低い位置の船尾付近に白色全周灯1個を掲げなければなりません。
　　③ 長さ100メートル以上の船舶は，②の灯火を掲げるほか，甲板を照明する作業灯またはこれに類似した灯火を掲げなければなりません。
　＜形象物＞
　　昼間，錨泊中の船舶は，前部の最も見えやすい場所に黒色球形形象物（黒球）1個を掲げなければなりません。

(4) 音響信号及び発光信号

> **問 27** 警告信号は，どのような船舶が，どのような場合に，どのような方法で行いますか。

答 〔警告信号について〕
　警告信号を発すべき船舶は，全ての船舶です。
　この信号を行わなければならないのは，船舶が互いに視野の内にあって接近し，次の①と②に該当する場合です。
　① 他の船舶の意図または動作を理解することができないとき。
　② または，他の船舶が衝突を避けるための十分な動作をとっていることについて疑いがあるとき。
　この信号の方法は，急速に短音を5回以上鳴らすことによる汽笛信号

を行います。

> 問 28　視界制限状態における航行中の動力船の音響信号（霧中信号）について述べなさい。

答　〔航行中の動力船の視界制限状態における音響信号〕
　　次の①または②の汽笛信号を行います。
　①　対水速力を有するときは2分を超えない間隔で長音1回
　②　対水速力を有しないときは2分を超えない間隔で約2秒の間隔の長音2回

> 問 29　視界制限状態において、「長短短」の汽笛信号を鳴らしている船舶は、どのような船舶ですか。

答　〔汽笛「長短短」の霧中信号を鳴らしている船舶〕（予防法）
　　視界制限状態において、「長短短」の汽笛信号を鳴らしている船舶は、次の船舶です。
　　航行中の
　①　帆船　②　漁ろうに従事している船舶　③　喫水制限船
　④　操縦性能制限船　⑤　運転不自由船　⑥　押し船　⑦　引き船
　　および錨泊中の
　①　漁ろうに従事している船舶　②　操縦性能制限船

> 問 30　霧中航行中の動力船が、他船の発する「短長短」の汽笛信号を聞きました。動力船はどのように処置しなければならないですか。

答　〔視界制限状態において「短長短」の汽笛信号を聞いた動力船の処置〕
　　視界制限状態において「短長短」の信号を発する船舶は、接近してくる他船に対して、自船の位置および衝突の可能性を警告している錨泊中の船舶であるので、このことに十分注意して次の処置をとります。
　①　船内を静かに保って、まず「短長短」の汽笛信号が聞こえる方角を確かめます。

② もし，その方角が動力船の正横より前方に聞こえるようであれば，保針できる最小限の速力に減ずるか，必要に応じて速力を停止して，衝突の危険がなくなるまで十分に注意して航行します。
③ 「短長短」が動力船の船首至近距離に聞こえるときは，機関全速後進とともに，可能な限り投錨して錨泊船との衝突を回避します。

> 問 31　船舶または航空機が遭難したとき，救難用に用いられる遭難信号の方法を5つあげなさい。

答　〔遭難信号の方法〕
① 霧中信号器（汽笛，号鍾，ドラ）を連続して鳴らします。
② 大量のオレンジ色の煙を発します。
③ 無線電話により「メーデー」という語を繰り返します。
④ 国際信号旗のN旗（上）およびC旗（下）を連掲します。
⑤ 左右に伸ばした腕を繰り返しゆっくりと上下させます。

2 海上交通安全法

(1) 総則

問1 海交法と港則法の適用範囲について述べなさい。

答 〔海交法および港則法の適用範囲〕
　海上交通安全法は，次の3つの海域で適用されます。
① 東京湾
② 伊勢湾
③ 瀬戸内海
　ただし，上記の海域内に存在する港内や，陸岸に沿う海域のうち漁船以外の船舶が通常航行しない海域は，適用除外となっています。
　港則法の適用水域は原則として港内ですが，条によっては港の境界外1万メートルに及ぶ水域のものもあります。

問2 (1) 巨大船とは，どのような船ですか。
　　　(2) 巨大船は，どのような灯火と標識を掲げなければならないですか。

答 〔巨大船の定義およびその灯火と標識〕
(1) 巨大船とは，長さ200メートル以上の船舶をいいます。
(2) 巨大船は，海交法の適用海域において航行し，停留し，または錨泊しているときは，最も見えやすい場所に，夜間は緑色閃光灯1個（少なくとの2海里の視認距離を有し一定の間隔で毎分180回以上200回以下の閃光を発する全周灯）を掲げ，昼間は垂直線上に黒色円筒形形象物2個を連掲しなければなりません。

(2) 交通方法

問3 (1) 海交法で速力制限区間のある航路名をあげなさい。
(2) 船舶は，その制限区間を航行するときは，何ノットを超える速力で航行してはならないですか。

答 〔速力制限区間〕（海交法第5条，同法施行規則第4条）
(1) 速力制限区間のある航路は，次の7つの航路です。
① 中ノ瀬航路　② 浦賀水道航路　③ 伊良湖水道航路　④ 水島航路
⑤ 備讃瀬戸東航路　⑥ 備讃瀬戸北航路　⑦ 備讃瀬戸南航路
　以上のうち，航路の全区間で速力制限されているのは，①〜④の4つの航路で，一部の区間で速力制限されているのは，⑤〜⑦の3つの航路です。
(2) 制限速力は，以上の該当区間においては，いずれも12ノット以下となっています。ただし，航路を横断する場合は，速力制限はありません。

問4 海交法の航路内で他船を追い越す場合，どのような信号を行いますか。

答 〔航路における追越し信号〕（海交法）
　追越し船で汽笛を備えている船舶は，海交法の航路内で他の船舶を追い越すときは，次の汽笛信号を行わなければなりません。
① 他の船舶の右舷側を追い越そうとするときは，「長短」の信号
② 他の船舶の左舷側を追い越そうとするときは，「長短短」の信号
　ただし，予防法第9条第4項前段に定める汽笛信号（追越しの意図を示す汽笛信号）を行うときはこの限りではありません。

問5 (1) 海交法において，信号による行先の表示をしなければならないのは，どのような船舶ですか。
(2) その信号は，どのような場合に行うことになっていますか。

答 〔行先表示の信号〕
(1) 行先表示の信号を行わなければならない船舶は，総トン数100トン

以上の船舶で，汽笛を備えているものです。
(2) この行先表示信号を行わなければならないのは，(1)の船舶が次の3つの場合に該当するときです。
① 航路外から航路へ入ろうとする場合
② 航路から航路外へ出ようとする場合
③ 航路を横断しようとする場合

問6 海交法に定める航路を横断するときは，どのように横断しなければならないですか。

答 〔航路の横断方法〕（海交法第8条）
航路を横断する船舶は，その航路に対しできる限り直角に近い角度で，すみやかに横断しなければなりません。
【参考】
航路をこれに沿って航行している船舶が，その航路と交差する航路を横断することとなる場合には，上記の規定は適用されません。

問7 海交法で，航路の横断が禁止される区間のある航路名を，2つあげなさい。

答 〔航路横断の禁止〕（海交法施行規則第7条）
航路の横断が禁止される区間のある航路は，次の2つです。
① 備讃瀬戸東航路
② 来島海峡航路

問8 海交法の航路内で，船舶が錨泊してもよいのは，どのような場合ですか。

答 〔航路内での錨泊〕
次の場合に航路内での錨泊が許されます。
① 海難を避けるためにやむを得ない事由があるとき。
② 人命または他の船舶を救助するためにやむを得ない事由があるとき。

問 9　海交法に定める航路のうち，船舶が一方通航しなければならない航路名をあげなさい。

答　〔一方通航が定められた航路名〕（海交法）
　一方通航しなければならない航路は，次の 5 つの航路です。
　① 中ノ瀬航路　② 宇高東航路　③ 宇高西航路　④ 備讃瀬戸北航路
　⑤ 備讃瀬戸南航路

問 10　海交法に定める航路をこれに沿って航行する船舶が，できる限り，その航路の中央から右の部分を航行しなければならない航路名をあげなさい。

答　〔海交法の航路名〕
　できる限り航路の中央から右の部分を航行しなければならない航路は，次の 2 つの航路となっています。
　①　伊良湖水道航路
　②　水島航路

問 11　水島港から大阪港に至る間，海交法で定められた通るべき航路名を通航順にあげなさい。

答　〔水島港から大阪港に至るまでに通るべき航路の名称〕（海交法）
　長さ 50 メートル以上の船舶は，水島航路，備讃瀬戸南航路，備讃瀬戸東航路および明石海峡航路の各航路を順に通航しなければなりません。

問 12　順潮時に来島海峡航路をこれに沿って航行する船舶の航法の要点を述べなさい。

答　〔来島海峡航路の航法〕
　順潮時に来島海峡航路をこれに沿って航行する船舶は，次の①および②の航法に従わなければなりません。

① 順潮にあっては，来島海峡航路の中水道を航行しなければなりません。また，中水道を航行中に転流があった場合は，引き続き中水道を航行することができます。
② 来島海峡航路の中水道を航行する船舶は，できる限り，大島および大下島側に近寄って航行しなければなりません。

問13 逆潮時に来島海峡航路をこれに沿って航行する船舶の航法の要点を述べなさい。

答 〔来島海峡航路の航法〕
① 逆潮にあっては来島海峡航路の西水道を対地速力4ノット以上で航行しなければなりません。西水道を航行中に転流があった場合は，引き続き西水道を航行することができます。
② 西水道を航行する船舶は，できる限り，四国側に近寄って航行しなければなりません。

問14 海交法の航路をこれに沿って航行している船舶が，航路をこれに沿って航行している船舶とみなされないのはどのような場合ですか，3つ例をあげなさい。

答 〔航路をこれに沿って航行している船舶と見なされない場合〕
物理的に航路をこれに沿って航行している船舶であっても，次の場合は海交法では航路をこれに沿って航行している船舶とはみなされません。
① 中ノ瀬航路をこれに沿って南の方へ航行している船舶
② 浦賀水道航路をその中央から左の部分に沿って航行している船舶
③ 宇高東航路をこれに沿って南の方向へ航行している船舶
【参考】
一方通航航路を定められた方向と逆の方向に沿って航行している船舶および2分航路をその中央から左の部分に沿って航行している船舶は，全て航法上航路をこれに沿って航行している船舶とは見なされません。

問15 海交法における危険物積載船の灯火と標識について述べなさい。

答〔危険物積載船の灯火と標識〕

　危険物積載船は，海交法の適用海域で航行し，停留しまたは錨泊しているときは，次の灯火および標識を最も見えやすい場所に掲げなければなりません。

① 夜間は，紅色閃光灯1個（少なくとも2海里の視認距離を有し一定の間隔で毎分120回以上140回以下の閃光を発する全周灯）
② 昼間は，第1代表旗の下にB旗を連掲した標識

【参考】

　危険物船舶運送及び貯蔵規則における危険物積載船の掲げるべき標識は，昼間は赤旗（B旗），夜間は赤灯となっています。これらの標識は，船舶が湖川港内において航行し，または停泊している場合に，船舶のマストその他見やすい場所に掲げるようになっています。

③ 港則法

(1) 総則

問1 特定港とは，どのような港をいいますか。

答 〔特定港の定義〕
　特定港とは，喫水の深い船舶が出入りできる港または外国船舶が常時出入りしている港であって，政令*で定めるものをいいます。
【参考】
　*政令：内閣で定める命令を政令といい，この場合の政令は，港則法施行令を指します。平成27年度現在，同施行令では，北海道の根室港から沖縄の那覇港にいたる85港を特定港に指定しています。

問2 (1) 汽艇等とは，どのような船舶ですか。
　　　(2) 汽艇等は，港内においてどのような航法をとらなければならないですか。

答 〔汽艇等について〕
(1) 汽艇等とは，狭い港内で比較的小回りのきく，次の船舶をいいます。
　① 汽艇（総トン数20トン未満の汽船をいう。）
　② はしけ
　③ 端舟
　④ ろかいのみをもって運転し，または主としてろかいをもって運転する船舶
(2) 汽艇等の航法（港則法第18条第1項）
　汽艇等は，港内においては，汽艇等以外の船舶の進路を避けなければなりません。

(2) 入出港及び停泊

問3 特定港に入港する船舶で，入出港の届け出を要しない船舶はどのような船ですか。

答 〔入出港の届け出を要しない船舶〕
　入出港の届け出を要しない船舶は，次の①～③の船舶です
① 総トン数20トン未満の汽船および端舟その他ろかいのみをもって運転し，または主としてろかいをもって運転する船舶
② 平水区域を航行区域とする船舶
③ 旅客定期航路事業に使用される船舶であって，あらかじめ入港実績報告書および港則法施行規則第2条第1項第3号のイおよびロに定める書面を港長に提出しているもの

問4 港則法では，国土交通省令の定める船舶は，国土交通省令の定める特定港において錨泊しようとするときは，港長より錨地の指定を受けなければならないと定めていますが，省令の定める船舶および特定港とは，それぞれどのような船舶と特定港のことですか。

答 〔錨地の指定について〕（港則法第5条，同法施行規則第4条第1項，第3項）
　国土交通省令の定める船舶は，総トン数500トン以上の船舶です。ただし，関門港若松区においては総トン数300トン以上の船舶とします。なお，阪神港尼崎西宮芦屋区に停泊しようとする船舶については，錨地の指定の適用はありません。
　国土交通省令の定める特定港は，① 京浜港　② 阪神港　③ 関門港の3特定港です。

問5 港内において，船舶がみだりに錨泊しまたは停留してはならない場所を，5つあげなさい。

答 〔港内における錨泊または停留の制限〕（港則法施行規則第6条）
　港内において船舶がみだりに錨泊または停留してはならない場所には，次のようなところがあります。
　① ふとう　② さん橋　③ 岸壁　④ 係船浮標　⑤ ドックの付近
【参考】
　以上のほか，次の箇所があります。
　① 河川　② 運河　③ 狭い水路　④ 船だまりの入口付近

(3) 航路及び航法

問6 特定港に出入りし，またはこれを通過するとき，国土交通省令の定める航路によらなければならないのは，どのような船舶ですか。

答 〔港則法における航路航行義務船〕
　汽艇等以外の船舶です。
　ただし，海難を避けようとする場合その他やむを得ない事由がある場合には航路によらなくてもよいようになっています。

問7 特定港の航路内で船舶が投錨できるのは，どのような場合ですか。

答 〔特定港の航路内での投錨〕
　次の4つの場合に限って，航路内で投錨することおよび曳航している船舶を放すことが許されています。
　① 海難を避けようとするとき
　② 運転の自由を失ったとき
　③ 人命または急迫した危険のある船舶の救助に従事するとき
　④ 港長の許可を受けて工事または作業に従事するとき

問8 特定港の航路内を航行している船舶が，航法上禁止されていることを述べなさい。

答 〔航路内航法の禁止事項〕

航法上禁止されている事項には，次の２つがあります。
① 並列禁止（港則法第14条２項）
　船舶は，航路内においては，並列して航行してはなりません。
② 追越し禁止（港則法第14条４項）
　船舶は，航路内においては，他の船舶を追い越してはなりません。

【参考】
　港則法施行規則第10条には，「帆船は特定港の航路内を縫航してはならない。」という禁止事項もあります。

問9 (1) 特定港の航路内で追い越しが認められている航路名を２つあげなさい。
(2) この場合における追越し船の信号はどのようにして行いますか。

答 〔航路内での追越し〕
(1) 航路内で追い越しが認められている航路名は，次の２つです。
　① 京浜港　東京西航路
　② 関門港　関門航路
(2) 以上の航路内で他の船舶を追い越す船舶は，次の汽笛信号を行わなければなりません。
　① 他の船舶の右舷側を追い越そうとするときは「長短」の信号
　② 他の船舶の左舷側を追い越そうとするは「長短短」の信号

【参考】
　航路内での追越しが認められている航路には，以上のほか名古屋港の東航路，西航路（一部区間に限る）および北航路があります。なお，以上の航路内での追い越しが認められるのは，周囲の状況を考慮し，次の各号のいずれにも該当する場合に限ります。
① 追い越される船舶が自船を安全に通過させるための動作をとることを必要としないとき
② 自船以外の船舶の進路を安全に避けられるとき

問10 防波堤の入り口付近における汽船の航法を述べなさい。

答 〔防波堤の入り口付近における汽船の航法〕（港則法第15条）
　汽船が港の防波堤の入り口または入り口付近で他の汽船と出会うおそれのあるときは，入航汽船は，防波堤の外で出航する汽船の進路を避けなければなりません。

問11 港則法に定める小型船とは，どのような船ですか。また，小型船の航法はどのように規定されていますか。

答 〔小型船について〕（港則法第18条第2項，同法施行規則第8条の2）
　港則法における小型船とは，次の①と②の船舶をいいます。
① 総トン数500トン以下の汽艇等以外の船舶
② ただし，関門港においては総トン数300トン以下の汽艇等以外の船舶

　また，小型船の航法については，次のように定められています。
　小型船は，国土交通省令で定める船舶交通が著しく混雑する特定港においては，小型船および汽艇等以外の船舶の進路を避けなければなりません。
　なお，国土交通省令で定める船舶交通が著しく混雑する特定港とは，次の6特定港を指します。
① 千葉港　② 京浜港　③ 名古屋港　④ 四日市港（第1航路および午起航路に限る）　⑤ 阪神港　⑥ 関門港（響新港区を除く）

(4) 危険物

問12 危険物を積載した船舶は，特定港に入港するときはどうしなければならないですか。また，その船は，特定港のどのような場所に停泊し，誰の許可を受けて危険物の荷役を開始しなければならないですか。

答 〔危険物積載船が特定港に入港するときに守るべき事項等〕
　危険物を積載した船舶は，特定港へ入港してから危険物の荷役を開始するまでの間，次の港則法上の規定を守らなければなりません。
① 特定港へ入港しようとするときは，港の境界外で港長の「指揮」を受けなければなりません。

② 特定港においては，港長の「指定した場所」に停泊または停留しなければなりません。
③ 特定港において危険物の「積込み，積替えまたは荷卸し」をしようとするときは，港長の許可を受けなければなりません。

(5) 灯火等

> **問 13** (1) 特定港内で船舶に火災が発生したときは，どのような信号を行わなければならないですか。
> (2) この信号は，船舶が航行中に行うことができますか。

答〔火災警報の方法〕
(1) 汽笛またはサイレンによる長音5回による火災警報を，適当な間隔で繰り返し吹き鳴らさなければなりません。
(2) 航行している船舶は，長音5回による火災警報を行ってはなりません。航行中に火災が発生したときは，注意喚起信号を行います。

(6) 雑則

> **問 14** 港則法は，漁ろうの制限についてどのように規定していますか。

答〔漁ろうの制限〕（港則法）
港内において漁ろうを行ってもよいですが，船舶交通の妨げとなる港内の場所ではみだりに行ってはなりません。

> **問 15** 港内において，油送船の付近で行ってはならないことは，何ですか。

答〔喫煙等の制限〕
何人も，港内においては，相当の注意をしないで，油送船の付近で喫煙し，または火気を取り扱ってはなりません。

> 問 16　港長の権限を，4つあげなさい。

答　〔港長の権限の種類〕

　港長には，特定港内の整頓と安全を確保するために，次のような権限が与えられています。

① 特定港における錨地の指定権
② 特定港における係留施設の使用に関する制限および禁止権
③ 特定港に停泊する船舶に対する移動命令権
④ 特定港に入港する危険物積載船に対する指揮権

【参考】

　その他港長の権限には，次のようなものがあります。

① 特定港における危険物積載船の荷役の許可権
② 特定港およびその付近において強力な灯火を使用している者に対する減光または被覆を命ずる権限
③ 特定港およびその付近に引火性液体類が浮流している場合において，当該水域にいる者に対する喫煙または火気取扱いの制限または禁止権
④ 特定港内において航路または区域を指定して，航路の交通を制限または禁止する権限

4 船員法

(1) 船長の職務及び権限

問1 船長が発航前に検査しなければならない事項を5つあげなさい。

答 〔発航前の検査事項〕
① 船体，機関および排水設備，操舵設備，揚錨設備，救命設備，無線設備その他の設備が整備されていること。
② 積載物の積付けが船舶の安定性をそこなう状況にないこと。
③ 喫水の状況から判断して船舶の安全性が保たれていること。
④ 燃料，食料，清水，医薬品，船用品その他航海に必要な物品が積み込まれていること。
⑤ 航海に必要な員数の乗組員が乗り組んでおり，かつ，それらの乗組員の健康状態が良好であること。

【参考】
以上のほか，船長の発航前の検査事項として，次の3つがあります。
① 水路図誌その他の航海に必要な図誌が整備されていること。
② 気象通報，水路通報その他航海に必要な情報が収集されており，それらの情報から判断して航海に支障がないこと。
③ その他，航海を支障なく成就させるために必要な準備が整っていること。

問2 船長の甲板上の指揮義務について，船員法はどのように規定していますか。

答 〔甲板上の指揮〕（船員法第10条）
船長は，船舶が港を出入りするとき，船舶が狭い水路を通過するときその他船舶に危険のおそれがあるときは，甲板にあって自ら船舶を指揮しなければなりません。

問3 船長の在船義務について，船員法はどのように規定していますか。

答 〔船長の在船義務〕（船員法第11条）
　船長は，やむを得ない場合を除いて，自己に代わって船舶を指揮する者にその職務を委任した後でなければ，荷物の船積みおよび旅客の乗込みのときから荷物の陸揚げおよび旅客の上陸のときまで，自己の指揮する船舶を去ってはなりません。

問4 船員法は，船舶に急迫した危険がある場合における船長の処置について，どのように規定していますか。

答 〔船舶に危険がある場合における処置〕（船員法第12条）
　船長は，自己の指揮する船舶に急迫した危険があるときは，人命の救助並びに船舶および積荷の救助に必要な手段を尽くさなければなりません。

問5　(1)　他船または航空機の遭難を知ったときは，船長はどのようにしなければなりませんか。
　　(2)　この場合において船長が救助に赴かなくてもよいのは，どのようなときですか。

答 〔遭難船等の救助について〕
(1)　船長は，他の船舶または航空機の遭難を知ったときは，人命の救助に必要な手段を尽くさなければなりません。（船員法第14条）
(2)　船長が救助義務から免除されるのは，次の4つの場合です。
　①　自己の指揮する船舶に急迫した危険があるとき。
　②　遭難者の所在に到着した他の船舶から救助の必要がない旨の通報があったとき。
　③　遭難船舶等の長が，遭難信号に応答した船舶中適当と認める船舶に救助を求めた場合において，救助を求められたすべての船舶が救助に赴いていることを知ったとき。
　④　やむを得ない事由で救助に赴くことができないとき，または特殊の事情によって救助に赴くことが適当でないかもしくは必要でないと認

められるとき。

> **問 6** (1) 異常気象等の通報義務を有する船は，どのような船舶ですか。
> (2) その通報の宛先は，どこですか。

答　〔異常気象等の通報〕
(1) 異常気象等の通報義務を有する船舶は，無線電信または無線電話の設備を有する船舶です。
(2) 異常気象等の通報の宛先は，付近にある船舶および海上保安機関（日本近海にあっては，海上保安庁），その他の関係機関（気象機関等）となっています。ただし，異常な現象が存することについて海上保安機関または気象機関があらかじめ予報または警報を発している場合はこの通報は要しません。

> **問 7**　船員法で，船長が船内に備え置くことを命じられている書類の種類をあげなさい。

答　〔書類の備え置き〕
　船員法上，船長は次に掲げる書類を船内に備え置かなければなりません。
① 船舶国籍証書
② 海員名簿
③ 公用航海日誌
④ 旅客名簿（旅客船に限る）
⑤ 積荷目録

> **問 8** (1) 航行に関する報告を行わなければならない場合を，3つあげなさい。
> (2) この報告は，誰が，いつ，どこに行うものですか。

答　〔航行に関する報告事項等〕
(1) 航行に関する報告を行わなければならないのは，次の1つに該当したときです。

① 船舶の衝突，乗揚げ，沈没，滅失，火災，機関の損傷その他の海難が発生したとき。
② 人命または船舶の救助に従事したとき。
③ 無線電信によって知ったときを除き，航行中他の船舶の遭難を知ったとき。
④ 船内にある者が死亡し，または行方不明となったとき。
⑤ 予定の航路を変更したとき。
⑥ 船舶が抑留され，または捕獲されたときその他船舶に関し著しい事故があったとき。
(2) 船長は，以上の場合には，遅滞なく，最寄りの地方運輸局等の事務所〔地方運輸局，運輸管理部，運輸支局および海事事務所（以下地方運輸局の事務所という。）並びに法第104条の規定に基づき国土交通大臣の事務を行う市町村長（以下指定市町村長という。）の事務所をいう。〕において，航行に関する報告を行わなければなりません。

【参考】
船員法第19条に規定する航行に関する報告は，船舶では一般に「海難報告」と呼ぶことが多いようです。

(2) 規律

> 問9　船員法で船長に与えられた権限の種類を4つあげ，そのうちの1つについて説明しなさい。

答　〔船長の権限について〕
　船長の権限には，
① 指揮命令権
② 水葬権
③ 懲戒権
④ 強制下船権
などがあります。
　その他，危険に対する処置権，行政庁に対する援助の請求権などもあります。
　そのうちの指揮命令権について説明します。

船長は，海員を指揮監督し，かつ，船内にある者に対して自己の職務を行うのに必要な命令をすることができます。

(3) 年少船員

> **問** 10　夜間の作業に従事させてはならないのは，どのような船員ですか。また，この場合の夜間とは，いつからいつまでの間ですか。

答〔夜間労働の禁止〕
　　夜間労働が禁止される対象船員は，年齢18歳未満の船員（年少船員）および妊産婦の船員です。
　　この場合の夜間とは，午後8時から翌日の午前5時までの間を指します。

5 船員労働安全衛生規則

(1) 総則

問1 安全担当者の業務を3つ述べなさい。また，そのことについて規定している法規名は，何ですか。

答 〔安全担当者の業務〕
① 作業設備および作業用具の点検，整備に関すること。
② 発生した災害の原因の調査に関すること。
③ 作業の安全に関する教育および訓練に関すること。
　規定している法規名は，船員労働安全衛生規則です。

【参考】
　安全担当者の業務は，以上のほか，次のものがあります。
① 安全装置，検知器具，消火器具，保護具その他危害防止のための設備および用具の点検および整備に関すること。
② 作業を行う際に危険なまたは有害な状態が発生した場合または発生するおそれのある場合の適当な応急措置または防止措置に関すること。
③ 安全管理に関する記録の作成および管理に関すること。

(2) 個別作業基準

問2 高所作業とは，どのような作業ですか。また，この作業に従事する者は，保護具および安全器具としてどのようなものを着用しなければならないですか。

答 〔高所作業について〕
　高所作業とは，床面から2メートル以上の高所であって，墜落のおそれのある場所で行う作業をいいます。高所作業に従事する者は，保護具として保護帽，安全器具として命綱か安全ベルトを着用しなければなりません。

問 3 舷外作業に従事する者は，どのような安全器具を着用しなければならないですか。また，このことについて規定している法規名は，何ですか。

答 〔舷外作業について〕

　舷外作業に従事する者は，命綱または作業用救命衣のいずれかを着用しなければなりません。

　以上の規定は，船員労働安全衛生規則に定められています。

6 海洋汚染等及び海上災害の防止に関する法律

(1) 総則

> **問1** 海洋汚染等及び海上災害の防止に関する法律に定められている次の用語の定義を，それぞれ述べなさい。
> (1) 廃棄物　　　(2) ビルジ

答　〔廃棄物およびビルジの定義〕（海洋汚染等及び海上災害の防止に関する法律第3条）
(1) 廃棄物とは，人が不要とした物（油，有害液体物質等および有害水バラストを除く。）をいいます。
(2) ビルジとは，船底にたまった油性混合物をいいます。

(2) 船舶からの油の排出の規制

> **問2** 船舶からのビルジ等の排出が認められるのは，どのような基準に適合している場合ですか。また，そのことについて規定している法規名は，何ですか。

答　〔ビルジ等の排出基準〕
　船舶からのビルジ等の排出は，排出される油中の油分の濃度，排出海域および排出方法に関し政令で定める基準に適合するものは認められています。
　以上に関する規定は，海洋汚染等および海上災害の防止に関する法律および同法施行規則に定められています。
【参考】
　一般海域における船舶からのビルジ等の排出基準は，次のようになっています。
① 排出される油中の油分の濃度は，15 ppm 以下であること。
② 南極海以外の海域で排出すること。
③ 船舶が航行中に排出すること。

④ ビルジ等排出防止設備のうち国土交通省令で定める装置を作動させながら排出すること。（令第1条の9を参照）

問3 油濁防止管理者の業務およびその資格要件について述べなさい。（海事六法を見て答える）

答〔油濁防止管理者の業務およびその資格要件〕
　油濁防止管理者は、次の①および②の業務を行わなければなりません。
① 船長（またはその代行者）を補佐して船舶からの油の不適正な排出の防止に関する業務の管理
② 油記録簿への記載
　また、油濁防止管理者の資格要件は、次の①および②の条件を満足している者でなければなりません。
① 海技従事者であること。
② タンカーに乗り組んで油の取扱いに関する作業に1年以上従事した経験を有する者またはこれと同等以上の能力を有すると運輸局長が認定したもの。

問4 油記録簿を備え付けなければならないのは、どのような船舶ですか。また、そのことについて規定している法規名は、何ですか。

答〔油記録簿を備え付けるべき船舶および法規名〕
　備え付けるべき船舶は、次の①および②の船舶です。
① 全てのタンカー
② タンカー以外の総トン数100トン以上の船舶（ただし、ビルジを生ずるこのない船舶は除く。）
　以上に関する規定は、海洋汚染等及び海上災害の防止に関する法律といいます。

問5 (1) 油記録簿の記載は、通常、誰が行いますか。
　　　(2) どのような作業を行ったときに油記録簿に記載しなければならないですか。作業の種類を2つあげなさい。

答　〔油記録簿の記載者および油記録簿に記載すべき作業〕
(1) 油記録簿の記載者は，油濁防止管理者です。ただし，油濁防止管理者が選任されていない船では，船長が記載するようになっています。
(2) 油記録簿に記載しなければならない作業には，次のようなものがあります。
　① 船舶の燃料タンクへの水バラストの積込み
　② 船舶におけるスラッジの収集および処分
　③ タンカーへの貨物油の積込み
　④ タンカーの貨物艙への水バラストの積込み

【参考】
　油記録簿へ記載しなければならないその他の作業は，海洋汚染等及び海上災害の防止に関する法律施行規則第11条の3（油記録簿）を参照のこと。

問6　油記録簿は，誰が保管しますか。また，その保存期間は何年ですか。

答　〔油記録簿の保管について〕
　油記録簿の保管者は，船長です。ただし，引かれ船等にあっては，船舶所有者が保管します。
　船長は，油記録簿を，その最後の記録をした日から3年間船内に保存しなければなりません。

(3) 船舶の海洋汚染防止設備等及び海洋汚染防止緊急措置手引書等並びに大気汚染防止検査対象設備及び揮発性物質放出防止措置手引書の検査等

問7　海洋汚染防止証書の有効期間は，何年ですか。また，そのことについて規定している法規名は，何ですか。

答　〔海洋汚染防止証書について〕
　海洋汚染防止証書の有効期間は，5年です。
　そのことについて規定している法規名は，海洋汚染等及び海上災害の防

止に関する法律です。

7 船舶職員及び小型船舶操縦者法，海難審判法

(船舶職員及び小型船舶操縦者法，海難審判法は，口述試験のみに出題されます)

(1) 船舶職員及び小型船舶操縦者法

問1 (1) 海技免状の有効期間は，何年ですか。
(2) その期間が満了したとき，有効期間を更新できる条件を述べなさい。(海事六法を見て答える)

答〔海技免状の有効期間とその更新条件〕
(1) 海技免状の有効期間は，5年です。
(2) 有効期間を更新できる条件は，船舶職員及び小型船舶操縦者法第7条の2，同法施行規則第9条の2および第9条の3を参照。

【参考】
有効期間を更新できる条件
① 海技免状の有効期間は，満了の際，申請により更新することができます。
② 国土交通大臣は，上記の申請があった場合，その者が国土交通省令で定める身体適正に関する基準を満たし(第1種または第2種身体検査基準を満たしていること。)，かつ，次の各号の1つに該当する者であると認めるとき，海技免状の有効期間を更新することができます。
1号：国土交通省令で定める乗船履歴を有する者(過去5年間において船舶職員として1年以上の乗船履歴を有する者)。
2号：国土交通大臣が，その者の業務に関する経験を考慮して，前号に掲げるものと同等以上の知識および経験を有すると認定した者。
3号：国土交通大臣が指定する講習の課程を修了した者。

(2) 海難審判法

問2 (1) 海難審判法の目的を述べなさい。
(2) 海難審判法に定められた懲戒の種類をあげなさい。

答 〔海難審判法の目的および懲戒の種類〕
(1) 海難審判法は，業務上の故意または過失によって海難を発生させた海技士もしくは小型船舶操縦士または水先人に対する懲戒を行うため，国土交通省に設置する海難審判所における審判の手続き等定め，海難の発生の防止に寄与することを目的としています。
(2) 懲戒の種類には，次の3つがあります。
　① 免許の取消し
　② 業務の停止（停止の期間は1ヵ月以上3年以下で定めます。）
　③ 戒告

8 船舶法，船舶安全法 (船舶法，船舶安全法は，口述試験のみに出題されます)

(1) 船舶法

問1 船舶国籍証書の検認時期は，いつですか。また，そのことについて規定している法規名は，何ですか。

答 〔船舶国籍証書について〕

　船舶所有者は，船舶国証書の交付を受けた日，または前回の検認を受けた日より起算して，次に掲げる指定日までに，船舶国籍証書を最寄りの管海官庁に提出してその検認を受けなければなりません。
① 総トン数 100 トン以上の鋼製船舶にあっては，4 年を経過した後の指定日
② 総トン数 100 トン未満の鋼製船舶にあっては，2 年を経過した後の指定日
③ 木製船舶にあっては，1 年を経過した後の指定日

　以上に関する規定は，船舶法で定められています。

【参考】

　管海官庁とは，地方運輸局，神戸運輸管理部，運輸支局，海事事務所および沖縄総合事務局のことを指します。

問2 日本船舶がその後部に日本の国旗を掲げなければならないのはどのような場合ですか，3 つあげなさい。また，そのことについて規定している法規名は，何ですか。

答 〔日本国旗の掲揚〕

　次の各場合に，船舶の後部に日本国旗を掲げなければなりません。
① 日本国の灯台または海岸望楼より要求があったとき。
② 外国の港を出入りするとき。
③ 外国貿易船が日本国の港を出入りするとき。
④ 管海官庁より指示があったとき。
⑤ 海上保安庁の船舶または航空機より要求されたとき。

以上に関する規定は，船舶法施行細則に定められています。

(2) 船舶安全法

> **問3** (1) 船舶検査の種類を，5つあげなさい。
> (2) そのうちの1つについて，どのような検査であるか説明しなさい。

答 〔船舶検査について〕
(1) 船舶検査の種類を5つあげます。
① 定期検査
② 中間検査（第1種中間検査，第2種中間検査および第3種中間検査）
③ 臨時検査
④ 臨時航行検査
⑤ 特別検査
(2) 定期検査について説明します。
定期検査は，船舶検査の中で最も精密に行われる検査で，船舶を初めて航行の用に供するとき，または船舶検査証書の有効期間が満了したときに受けなければなりません。

【参考】
定期検査における検査事項を次に掲げておきます。
① 船体，機関，帆装，排水設備，操舵・係船・揚錨設備，救命・消防設備，居住設備，衛生設備，航海用具，危険物その他の特殊貨物の積付設備，荷役その他の作業設備，電気設備，国土交通大臣の特に定める事項
② 満載喫水線の位置
③ 無線電信等

> **問4** (1) 船舶検査証書には，どのようなことが記載されていますか。
> (2) この証書の有効期間と掲示場所について述べなさい。

答 〔船舶検査証書について〕
(1) 船舶検査証書には，船舶検査において決定された次の4項目が記載さ

れています。
① 航行区域
② 最大搭載人員
③ 制限汽圧
④ 満載喫水線の位置

(2) 船舶検査証書の有効期間は，交付の日から定期検査に合格した日から起算して5年を経過するまでの間です。ただし，旅客船を除き，平水区域を航行区域とする船舶または小型船舶であって国土交通省令で定めるものは，6年を経過するまでの間となります。

船長は，船舶検査証書を船内の見やすい場所に掲げておかなければなりません。

問5 航行区域の種類をあげなさい。また，そのことについて規定している法規名は，何ですか。

答〔航行区域の種類およびその法規名〕
航行区域には，次の4種類があります。
① 平水区域（湖，川，港内および全国で指定された49指定水域をいいます）
② 沿海区域（日本本土および特定の主島の海岸線から20海里以内の水域並びに全国で指定された10指定水域をいいます）
③ 近海区域（63°N，11°S，94°E，175°Eの線で囲まれた水域をいいます）
④ 遠洋区域（全ての水域をいいます）

航行区域について規定している法規名は，船舶安全法施行規則です。

問6 航行区域の沿海区域とは，どのような範囲をいいますか。また，そのことについて規定している法規名は，何ですか。

答〔沿海区域について〕
航行区域の沿海区域とは，日本本土および特定の主島の海岸線から20海里以内の水域並びに全国で指定された10指定水域をいいます。
沿海区域について規定している法規名は，船舶安全法施行規則です。

9 危険物船舶運送及び貯蔵規則，漁船特殊規則

（危険物船舶運送及び貯蔵規則，漁船特殊規則は，口述試験のみに出題されます）

(1) 危険物船舶運送及び貯蔵規則

問1 油タンカー内で所持してはならないものをあげなさい。また，そのことについて規定している法規名は，何ですか。

答　〔油タンカー内で所持してはならないもの〕
　所持してはならないものには，次のものがあります。
① 安全マッチ以外のマッチ
② むき出しの鉄製工具
③ その他火花を発しやすい物品
　以上に関し規定している法規名は，危険物船舶運送及び貯蔵規則です。
【参考】
　以上の他，油タンカー内では鉄びょうの付いた靴類をはいてはなりません。

(2) 漁船特殊規則

問2 漁船の従業制限には，どのような種類がありますか。また，そのことについて規定している法規名は，何ですか。

答　〔漁船の従業制限〕
　従業制限には，次の3種類があります。
① 第1種従業制限
② 第2種従業制限
③ 第3種従業制限
　以上に関する規定は，漁船特殊規則に定められています。

10 検疫法 (検疫法は，口述試験のみに出題されます)

問1 検疫法の目的を述べなさい。

答 〔検疫法の目的〕

検疫法は，国内に常在しない感染症の病原体が，船舶または航空機を介して国内に侵入することを防止するとともに，船舶または航空機に関してその他の感染症の予防に必要な措置を講ずることを目的としています。

問2 検疫信号は，いつからいつまでの間，どこに，どのような信号を掲げなければならないですか。

答 〔検疫信号について〕

検疫信号は，船舶を検疫区域に入れたときから，検疫済証または仮検疫済証の交付を受けるまでの間，船舶の前部マストの頂部その他見やすい場所に，昼間は黄色の方旗（国際信号旗のＱ旗），夜間は紅白２灯（紅灯を上，白灯を下に連掲）を掲げなければなりません。

【編者紹介】

青柳 紀博（あおやぎ のりひろ）

長崎市在住。1940年生まれ。水産大学校卒、富士汽船株式会社に入社して海上勤務を経験する。その後、長崎海技専門学院にて教授に就任する。現在、独立して長崎海技マリネットを開設して運営中。著書に、『海技士4・5N口述対策問題集』、『海技士4・5N（航海）合格テキスト』、『海技士4・5N（運用）合格テキスト』（いずれも海文堂出版）がある。

ISBN978-4-303-41671-3

海技士4・5N 口述対策問題集

2015年11月20日 初版発行	Ⓒ N. AOYAGI 2015
2024年 2月20日 3版発行	

編 者　青柳紀博　　　　　　　　　　　　　検印省略
発行者　岡田雄希
発行所　海文堂出版株式会社
　　　　本　社　東京都文京区水道2-5-4（〒112-0005）
　　　　　　　　電話 03(3815)3291㈹　FAX 03(3815)3953
　　　　　　　　http://www.kaibundo.jp/
　　　　支　社　神戸市中央区元町通3-5-10（〒650-0022）
日本書籍出版協会会員・工学書協会会員・自然科学書協会会員

PRINTED IN JAPAN　　　　　　　印刷　東光整版印刷／製本　誠製本

JCOPY ＜出版者著作権管理機構 委託出版物＞

本書の無断複製は著作権法上での例外を除き禁じられています。複製される場合は、そのつど事前に、出版者著作権管理機構（電話 03-5244-5088, FAX 03-5244-5089、e-mail: info@jcopy.or.jp）の許諾を得てください。